教育部高等学校航空航天类专业教学指导委员会推荐教材
航空航天类专业应用型人才培养教材

飞机制造技术基础
——热加工、塑性加工及数字化制造
（第2版）

秦政琪　李晓东　韩志仁　张业伟　刘海洋　编著

北京航空航天大学出版社

内 容 简 介

本书是为航空院校飞行器制造专业学生学习和了解航空制造技术而编写的，主要介绍航空钣金成形技术、铸造技术、锻造技术、焊接技术和航空数字化制造技术，并从相关的基础理论、分类方法、制造手段、制造设备、制造工艺设计和零件的工艺性等方面进行了阐述。

本书可作为飞机设计专业的教学参考书，也可供从事飞机设计和制造的工程技术人员参考。

图书在版编目(CIP)数据

飞机制造技术基础：热加工、塑性加工及数字化制造 / 秦政琪等编著. -- 2 版. -- 北京：北京航空航天大学出版社, 2023.8

ISBN 978-7-5124-4124-8

Ⅰ. ①飞… Ⅱ. ①秦… Ⅲ. ①飞机-制造-生产工艺 Ⅳ. ①V262

中国国家版本馆 CIP 数据核字(2023)第 130524 号

版权所有，侵权必究。

飞机制造技术基础
——热加工、塑性加工及数字化制造(第 2 版)
秦政琪　李晓东　韩志仁　张业伟　刘海洋　编著
策划编辑　周世婷　责任编辑　周世婷

*

北京航空航天大学出版社出版发行

北京市海淀区学院路 37 号(邮编 100191)　http://www.buaapress.com.cn
发行部电话：(010)82317024　传真：(010)82328026
读者信箱：goodtextbook@126.com　邮购电话：(010)82316936
北京建宏印刷有限公司印装　各地书店经销

*

开本：787×1 092　1/16　印张：12.5　字数：320 千字
2023 年 8 月第 2 版　2023 年 8 月第 1 次印刷　印数：1 000 册
ISBN 978-7-5124-4124-8　定价：46.00 元

若本书有倒页、脱页、缺页等印装质量问题，请与本社发行部联系调换。联系电话：(010)82317024

航空航天类专业应用型人才培养教材
编委会

主　任：蔡国飙

副主任：郑　耀　廖文和　杨智春　刘　莉　梁国柱

委　员（按姓氏笔画为序排列）：

马贵春　王　振　王　琦　王细洋　艾延廷

孙　刚　李　志　邱福生　张彦军　陈霖周廷

陈仁良　赵延永　钱占森　高为民　贾宝惠

董彦非

前　言

飞机制造过程包括毛坯制造、零件加工、装配安装和试验四个阶段。

在航空军民机科研生产中，钣金零件的成形技术一直是一个重点，虽然飞机设计中使用的钣金件逐渐减少，但总数量仍然占50%。成形方法主要包括橡皮囊成形、旋压成形、蒙皮拉形、壁板增量压弯成形、壁板喷丸成形、蠕变时效成形、热成形、超塑成形、数控滚弯成形和数控弯管成形等。

铸造是飞机制造的重要手段，不仅是零件毛坯的主要制造方法，而且也是一些重要的复杂零件的制造方法之一，一些发动机叶片主要靠铸造方法生产。熔模铸造、壳型铸造、陶瓷铸造都是航空零件制造的不可替代的方法，铸造仿真技术、定向凝固技术等也得到长足发展和应用。

锻造技术不仅可以提供性能良好的机械加工制造的毛坯，也是飞机重要承力部件的主要制造方法，比如飞机的梁、接头和框等重要部件均采用锻压方法制造。

焊接技术在航空制造中主要解决拼接问题，需要的大尺寸毛坯可以通过小尺寸毛坯的焊接得到。当大型零件无法直接得到时，可以通过焊接将制造的零件局部进行拼接得到；当一些钣金零件无法直接成形时，也可以将零件分成几部分成形，然后焊接拼接。飞机制造中的主要焊接方法包括氩弧焊、激光焊接、高能束电子焊接和压力焊接等。

随着航空制造技术的发展，在飞机制造过程的四个阶段中不仅具体的制造技术得到了飞速发展，新技术不断出现和应用，而且飞机设计制造的传统模式也发生了改变。以MBD规范为基础的三维综合信息模型作为飞机制造的依据，改变了传统的二维工程图模式，在整个制造过程中依据的载体、表达方式和制造手段等均发生了变化，最终实现了全三维数字化、无纸化制造。

本书由秦政琪、李晓东、韩志仁、张业伟和刘海洋编著，具体分工如下：第1章由韩志仁和秦政琪编写，第2、3章由秦政琪编写，第4章由秦政琪和李晓东编写，第5章由李晓东、张业伟和刘海洋编写，李晓东负责校稿与整理。

由于本书编写人员的时间、知识和经验有限，在内容编排和题材取舍方面难免有处理不妥和疏漏之处，请广大读者批评指正，以便今后本书的修订。

作　者
2023年2月

目 录

第1章　航空钣金成形技术 ··· 1

1.1　概　述 ··· 1
1.1.1　航空钣金成形技术的发展 ·· 1
1.1.2　航空钣金件的分类 ·· 1
1.1.3　钣金件变形的特点及钣金成形原理 ··· 3

1.2　航空钣金件主要成形方法 ··· 4
1.2.1　平板类零件 ··· 4
1.2.2　落压类零件 ··· 5
1.2.3　拉深类零件 ··· 5
1.2.4　板弯型材零件 ··· 5
1.2.5　橡皮囊液压成形零件 ·· 6
1.2.6　旋压零件 ··· 7
1.2.7　蒙皮成形零件 ··· 8
1.2.8　整体壁板零件 ··· 9
1.2.9　热成形零件 ·· 13
1.2.10　超塑成形和扩散连接零件 ··· 13
1.2.11　局部成形零件 ··· 15
1.2.12　爆炸成形零件 ··· 15
1.2.13　挤压型材零件 ··· 16

习　题 ·· 17

第2章　铸造技术 ·· 18

2.1　概　述 ··· 18
2.1.1　铸造技术的发展 ·· 18
2.1.2　铸造的分类 ·· 18
2.1.3　铸造技术的特点 ·· 20

2.2　金属液态成型工艺基础 ·· 23
2.2.1　熔融合金的流动性及充型 ·· 23
2.2.2　液态合金的收缩 ·· 24
2.2.3　铸件的常见缺陷 ·· 29

2.3　常用的铸造方法 ··· 30
2.3.1　砂型铸造 ·· 30
2.3.2　特种铸造 ·· 35

2.4 铸件结构工艺性 ·· 40
    2.4.1 铸件结构设计基本原则 ·· 40
    2.4.2 铸造工艺方法的选择 ·· 41
    2.4.3 铸造工艺性 ·· 44
2.5 铸造工艺参数的选择 ·· 50
2.6 铸件机械加工粗基准的选择 ··· 55
2.7 铸件结构要求 ··· 57
习　题 ··· 71

第3章 锻造技术 ·· 72

3.1 概　述 ·· 72
    3.1.1 锻造技术的发展 ··· 72
    3.1.2 锻造的分类 ··· 72
    3.1.3 锻造加工的特点 ··· 73
3.2 锻造成形技术基础 ··· 74
    3.2.1 常见的金属材料缺陷 ··· 74
    3.2.2 锻造温度范围 ·· 76
    3.2.3 材料锻造性能 ·· 78
    3.2.4 锻件质量检验 ·· 78
3.3 自由锻 ·· 79
    3.3.1 自由锻工序 ··· 79
    3.3.2 自由锻工艺规程的制定 ·· 83
3.4 模　锻 ·· 95
    3.4.1 锻模结构对金属变形的影响 ··· 95
    3.4.2 开式模锻 ·· 96
    3.4.3 闭式模锻 ·· 99
    3.4.4 锤上模锻 ··· 101
    3.4.5 锤上模锻工艺规程的制定 ··· 103
    3.4.6 其他模锻方法 ·· 107
3.5 锻件的结构工艺性 ··· 109
    3.5.1 自由锻件的结构工艺性 ·· 109
    3.5.2 锤上模锻件的结构工艺性 ··· 110
习　题 ··· 112

第4章 焊接技术 ·· 113

4.1 概　述 ·· 113
    4.1.1 焊接技术的发展 ··· 113
    4.1.2 焊接分类 ·· 114
    4.1.3 焊接技术特点 ·· 120

4.2 电弧焊 ··· 121
4.3 焊接应力与变形 ·· 126
    4.3.1 焊接应力 ·· 126
    4.3.2 焊接变形 ·· 128
4.4 焊接缺陷 ··· 131
    4.4.1 气孔 ··· 132
    4.4.2 夹杂物 ·· 135
    4.4.3 焊接裂纹 ·· 136
    4.4.4 其他焊接缺陷 ··· 138
4.5 焊接结构工艺设计 ·· 141
    4.5.1 焊接结构生产工艺过程 ································· 141
    4.5.2 焊接结构工艺设计 ······································ 141
习题 ··· 145

第 5 章 航空数字化制造技术 ··· 146

5.1 概述 ·· 146
    5.1.1 航空数字化制造技术的发展 ·························· 146
    5.1.2 航空数字化制造技术特点 ····························· 147
5.2 基本概念和内涵 ··· 147
    5.2.1 数字化制造的定义 ······································ 147
    5.2.2 数字化制造中的数据协调关系 ······················· 158
5.3 数字化制造工艺 ··· 158
    5.3.1 钣金件橡皮囊液压成形 ································ 160
    5.3.2 数控加工 ·· 166
    5.3.3 飞机部件的装配 ··· 171
5.4 数字化工装 ··· 171
    5.4.1 数字化成形工装 ··· 172
    5.4.2 数字化装配工装 ··· 173
    5.4.3 柔性工装 ·· 179
    5.4.4 数字化检验 ·· 181
5.5 数字化设备 ··· 183
习题 ··· 184

参考文献 ··· 186

第1章 航空钣金成形技术

钣金成形是一种对薄板、薄壁型材和薄壁管材等金属毛料施以外力,使之发生塑性变形或断裂,从而成为具有预期形状和性能的零件的成形工艺。

1.1 概 述

1.1.1 航空钣金成形技术的发展

钣金成形技术的发展历史源远流长,远古时期的铜器、铁器时代,人们就开始利用各种方法冶炼金属材料。随着冶炼技术的提升,人们逐渐冶炼出了金属板状材料,并学会了利用一些工具对这些金属板状材料进行加工。这就是钣金工艺的雏形。20世纪之前,以手工钣金为主。

进入20世纪之后,冲压设备和冷冲模具逐步在钣金成形领域得到应用。到了20世纪80年代,数控钣金成形开始出现。冲压设备和冷冲模具的广泛应用及数控自动化设备的普及是钣金工艺发展的两个里程碑。

20世纪80年代以来,随着我国制造业的蓬勃发展,作为制造业基础行业之一的冲压、钣金行业也得到了空前发展。而且随着我国先进技术的发展,很多钣金成形企业和行业开始不断改进,比如引进激光技术等。

钣金成形行业的主要原材料为有色金属合金板及薄钢材,有色金属行业及钢材行业成本约占行业总成本的40%。另外,将原材料加工成钣金产品需要锻压机械及模具,因此,钢铁、铝、铜等金属行业和机械制造行业为钣金成形行业的上游。

钣金产品的应用领域十分广泛,主要有航空航天业、汽车制造业、通信电子行业、仪器仪表行业、家电行业等。一般来说,各种机电产品的金属成形零部件大部分都采用钣金工艺生产,其中,冲压工艺适合大批量生产,而数控钣金工艺则适合精密生产。

航空钣金成形是航空制造技术的重要基础,经过几十年的发展,国内航空钣金装备技术及其设计与制造水平显著提高,形成了一套完整的体系,并为航空工业关键零部件的生产提供了重要支撑。随着航空技术的发展,现代飞机对可靠性、效费比、服役性能等提出了更高的要求。一方面,钣金结构件的整体化和复杂化趋势越来越明显,新结构不断涌现;另一方面,先进钣金成形方法和数字化精密成形成为航空钣金成形技术的发展方向。

1.1.2 航空钣金件的分类

在航空工业中,钣金零件一直是现代飞机机体的主要部分,占飞机零件总数量的60%左右,制造工作量占整架飞机劳动量的15%,具有结构复杂、外轮廓尺寸大、刚性小等特点。目前,飞机材料发生了一些变化,战斗机材料变化见图1-1,钣金件的数量出现逐渐减少的趋势。但钣金成形技术仍是主要的飞机制造工艺之一,钣金零件仍为结构件的主体。钣金零件的制造精度和质量将直接影响飞机外形、结构寿命、飞机性能、装配质量及劳动量。

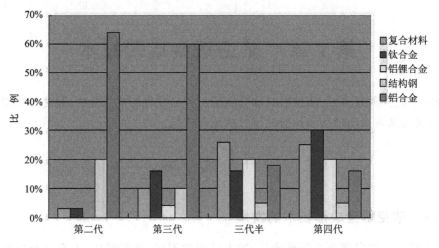

图 1-1 战斗机用材情况

航空钣金件可以按不同的原则进行分类，比如材料品种、材质种类、零件结构特征、工艺方法和零件成形温度等。具体分类见表 1-1 和图 1-2。

表 1-1 钣金件分类

分类方法	内　容
按材料品种	板材零件、管材零件、挤压型材零件
按材质种类	铝合金、铝锂合金、铜合金、钛合金、不锈钢、合金钢和复合材料等零件
按零件结构特征	蒙皮、框板、肋骨、梁、整流罩、带板和角材等零件
按工艺方法	下料、压弯、拉弯、滚弯、绕弯、拉深、拉形、落压、旋压、闸压、橡皮成形、喷丸成形、爆炸成形、热成形和超塑成形
按零件成形温度	冷成形零件、热成形零件

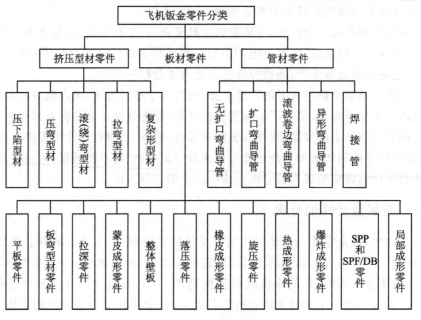

图 1-2 飞机钣金零件分类

1.1.3 钣金件变形的特点及钣金成形原理

1. 钣金件变形的基本特点

钣金件的种类繁多,形式各异,成形方法多种多样,但基本的变形方式包括弯曲、翻边、压延、局部成形和胀形。钣金件虽然成形方法很多,但从变形来看主要是"收"和"放"两种形式。在变形过程中可能出现起皱、破裂、粗晶和橘皮等缺陷。出现这些缺陷说明材料在变形过程中局部超出了材料的成形极限。因此,在成形钣金件时,首先应保证不会出现缺陷。改变成形过程中材料的流动,使材料变形尽可能均匀是避免钣金件成形缺陷、提高钣金件成形性的主要途径。另外,钣金件在变形过程中出现壁厚变化和回弹现象会影响钣金件外形精度和质量。

2. 钣金成形原理

(1) 变形的基本方程

平衡方程:

$$\left.\begin{array}{l} \dfrac{\partial \sigma_x}{\partial x}+\dfrac{\partial \tau_{yx}}{\partial y}+\dfrac{\partial \tau_{zx}}{\partial z}+X=0 \\ \dfrac{\partial \tau_{xy}}{\partial x}+\dfrac{\partial \sigma_y}{\partial y}+\dfrac{\partial \tau_{zy}}{\partial z}+Y=0 \\ \dfrac{\partial \tau_{xz}}{\partial x}+\dfrac{\partial \tau_{yz}}{\partial y}+\dfrac{\partial \sigma_z}{\partial z}+Z=0 \end{array}\right\}$$

几何方程:

$$\left.\begin{array}{ll} \varepsilon_x=\dfrac{\partial u}{\partial x}, & \varepsilon_{xy}=\varepsilon_{yx}=\dfrac{1}{2}\left(\dfrac{\partial u}{\partial y}+\dfrac{\partial v}{\partial x}\right) \\ \varepsilon_y=\dfrac{\partial v}{\partial y}, & \varepsilon_{yz}=\varepsilon_{zy}=\dfrac{1}{2}\left(\dfrac{\partial v}{\partial z}+\dfrac{\partial w}{\partial y}\right) \\ \varepsilon_z=\dfrac{\partial w}{\partial z}, & \varepsilon_{xy}=\varepsilon_{yx}=\dfrac{1}{2}\left(\dfrac{\partial u}{\partial y}+\dfrac{\partial v}{\partial x}\right) \end{array}\right\}$$

本构方程(物理方程):

弹性阶段 $\qquad \{\sigma\}=[D]_e\{\varepsilon\}$

弹塑性阶段 $\qquad \{\sigma\}=[D]_{ep}\{\varepsilon\}$

(2) 材料变形抗力曲线

材料的抗力曲线(见图 1-3)通过材料的单拉试验得到,有工程应力应变曲线和真实应力应变曲线两种形式,它们主要反映材料变形能力。在实际使用时经常对抗力曲线进行简化,如双线性模型、指数模型、理想弹塑性模型等。

(3) 板材成形极限

将不同应力状态下测得的板材面内的两个主应变的许用值,分别标在以板面内较小主应变为横坐标、较大主应变为纵坐标的坐标系里。作出一些点,由这些点连成的曲线成为材料的成形极限图,如图 1-4 所示。

图 1-4 分 4 个区域,即破裂区、临界变形区、拉-压区、双拉区。钣金成形过程中应变处于破裂区,说明成形板材一定会出现裂纹。应变处于临界变形区,成形板材可能出现裂纹或起皱。应变处于拉-压区、双拉区,成形板材均处于安全成形状态,可以完成成形。通过试验或有限元分析可以获得成形过程中板材上的主应变,从而利用成形极限图对成形性进行分析。

而对于一些简单的成形，如板和管的简单弯曲，用成形极限图分析过于复杂，实际中用最小弯曲半径表示成形极限。

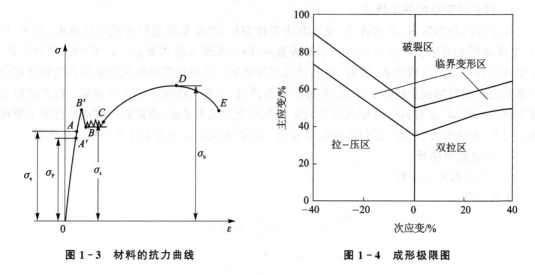

图 1-3 材料的抗力曲线

图 1-4 成形极限图

1.2 航空钣金件主要成形方法

1.2.1 平板类零件

平板类零件在航空产品中种类繁多，主要包括垫片垫板、汇流条、框肋零件、腹板地板零件、蒙皮零件和仪表板零件 6 类，如图 1-5 所示。传统的加工方法是冲裁，冲压成形效率高，

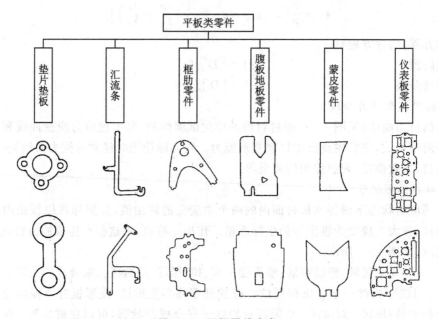

图 1-5 平板零件分类

但首先需要设计和制造冲裁模具;而冲裁模具的设计和制造时间较长。随着数控技术和数字化制造的发展,数控铣切下料、数控激光下料、数控高压水下料方法逐渐成为常用的下料方法。这些数控下料方法不需要复杂的工装,因此可以实现快速下料,对于批量小的零件采用数控下料方法可以节省大量时间,也适合数字化制造的特点。目前,对数量大的平板类零件采用冲裁方法,对数量小的采用数控加工方法。

1.2.2 落压类零件

飞机上有为数不少的蒙皮和骨架零件,不仅外形不规则,还有局部的陡起陡伏。由于形状复杂,这类零件如在冲床或液压机上压制,往往需要多套模具、经多道/次压制工序才能完成,而且该类零件品种多数量少,因此一般采用落压成形方法。落压成形件主要包括板弯梁、半管、整流罩、波纹板、加强框、复杂蒙皮和盒形件7类,如图1-6所示。落压成形是传统的成形方法,成形加工要求工人和技术人员具有丰富的经验,而且落压成形噪声大,质量不稳定。目前航空企业一般主张放弃该方法,用其他方法代替,或将零件委托配套厂进行落压成形。充液成形法或黏性软膜技术逐渐推广,可以部分替代落压成形方法。

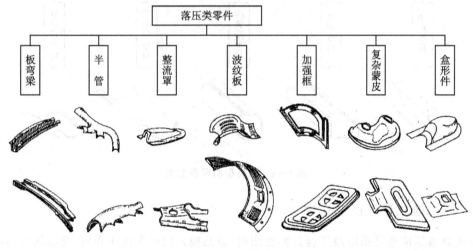

图1-6 落压类零件分类

1.2.3 拉深类零件

拉深类零件包括筒形零件、球形零件、锥形零件、梯形零件等回转体零件,以及盒形零件、复杂形零件等非回转体零件,如图1-7所示。该类零件采用冲压方法完成成形,需要冲压工装。对于一些难成形的拉深件也可以采用柔性软膜技术成形。

1.2.4 板弯型材零件

板弯型材零件包括角形型材、Ⅱ形型材、圆弧形型材、半圆形型材、复杂形型材5类,如图1-8所示。由于飞机设计技术和制造技术的发展,该类型材零件数量不断减少。板弯型材采用弯曲方法成形,通过一系列弯曲模具完成型材成形。

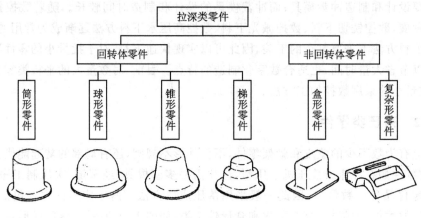

图 1-7 拉深类零件分类

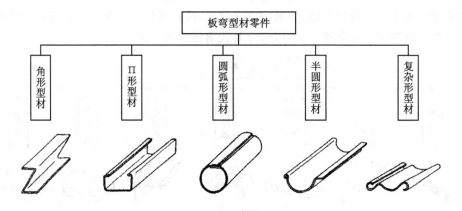

图 1-8 板弯型材零件分类

1.2.5 橡皮囊液压成形零件

橡皮囊液压成形是指以液压囊为弹性凹模(或凸模),以油为传压介质,使金属板材在凹模(或凸模)上成形钣金零件的方法,具有模具简单、效率高、有利于减小回弹、适用成形性差的材料成形等特点。

橡皮囊液压成形零件包括直线弯边零件、凸曲线弯边零件、凹曲线弯边零件、凸凹曲线弯边零件、复杂形弯边零件5类,如图1-9所示。在飞机中液压成形件较大,特别是战斗机中液压成形零件更多。由于数控技术的普及,部分液压成形零件在设计中用机加件替代,如战斗机的翼肋等。但液压成形方法仍是主要的飞机制造技术之一。

橡皮囊液压成形中常见的缺陷包括破裂、起皱和回弹等。其中,回弹缺陷直接影响着钣金件的尺寸精度。钣金成形中钣金件的回弹是整个成形过程的累积效应,它与成形过程中的模具形状、材料性能和工艺条件等诸多因素有关。解决橡皮囊液压成形中钣金件回弹问题是提高钣金件生产质量、生产效率的关键。解决回弹问题的传统方法有试错法手工修正模具和手工在检验模胎上对零件进行修形。试错法手工修正模具效率低、周期长、修形精度低。手工在检验模胎上对零件进行修形手段落后、效率低、工作条件恶劣、成形件疲劳寿命降低。目前,国外发达国家的航空企业对于橡皮囊液压成形类钣金件成形精度的控制主要依靠较准确的工艺

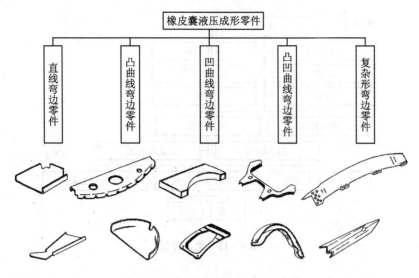

图 1-9 橡皮囊液压成形零件分类

补偿量作为模具设计参数,运用于模具制造,从而解决了钣金件成形精度按理论型面模具加工达不到装配要求的问题。

1.2.6 旋压零件

旋压成形是一种使毛坯连续局部塑性变形累积成形为空心回转件的先进成形工艺方法,其原理见图 1-10。旋压成形分为普通旋压和强力旋压两种,旋压分类如图 1-11 所示。普通旋压零件包括球形零件、抛物线零件、鼓形零件和收(扩)口零件等,强力旋压零件包括筒形零件和锥形零件,如图 1-12 所示。

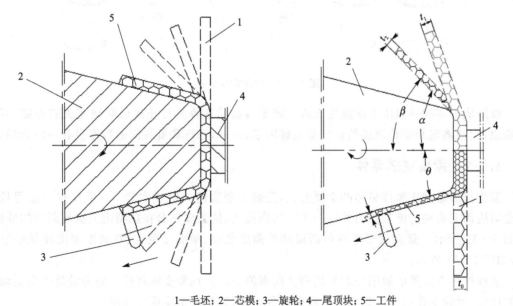

1—毛坯；2—芯模；3—旋轮；4—尾顶块；5—工件

图 1-10 旋压成形原理图

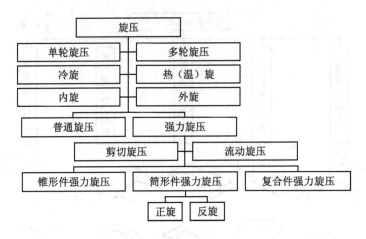

图 1-11 旋压分类

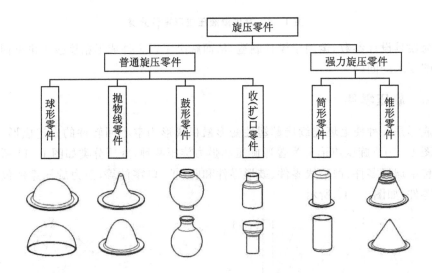

图 1-12 旋压零件分类

旋压成形零件一般由多次旋压而成。旋压参数的选择是旋压成形顺利完成的关键,其中旋压道/次的确定和旋轮轨迹的确定是关键因素;另外,毛坯和旋轮间的摩擦也有一定影响。

1.2.7 蒙皮成形零件

蒙皮拉形是蒙皮零件成形的主要方式,是航空制造的关键技术之一。蒙皮拉形过程是将蒙皮对边用夹头夹持施加拉力并沿一定的轨迹运动,使蒙皮贴合在拉型模上实现蒙皮的成形,如图 1-13 所示。蒙皮成形零件包括局部单曲度蒙皮、单曲度蒙皮、双曲度蒙皮和复杂形蒙皮,如图 1-14 所示。

蒙皮拉形中常见的缺陷是滑移线和橘皮现象等。实现蒙皮顺利拉形的关键是夹头运动轨迹的优化,使蒙皮在拉形过程中尽可能变形分布均匀,提高整体成形性能。

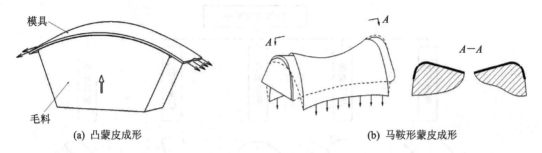

图 1-13 蒙皮拉形示意图

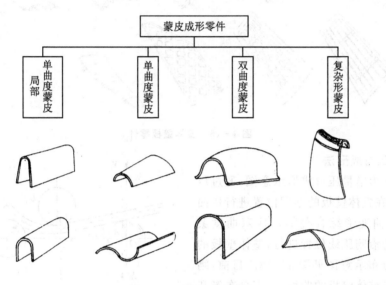

图 1-14 蒙皮成形零件

1.2.8 整体壁板零件

整体壁板零件是将蒙皮和结构加强件设计成一个整体的零件,改变了传统的铆钉连接方式或焊接连接方式,在不增加质量的前提下大大提高整体强度和刚度。整体壁板零件包括柱形壁板、锥形壁板、凸峰壁板、马鞍形壁板、折弯壁板,如图 1-15 所示。

整体壁板成形是飞机制造关键技术之一,特别是对于高性能的新一代战机,整体壁板成形技术更为关键。目前整体壁板成形技术仍然是个难题。国内各个航空企业采用的方法不同,成形精度还有待于提高。主要方法有滚弯成形法、增量压弯成形法、喷丸成形法和蠕变时效法等。

1. 滚弯成形法

图 1-16 为滚弯成形、力矩分布和变形示意图。该成形方法适合等曲率柱形整体壁板弯曲成形,是一种简单有效的成形方法。滚弯成形用于整体壁板成形,需要在整体壁板上填充一些垫板使整体壁板类似厚板的效果,以保护整体壁板的筋条。另外,在滚弯过程中前段和后段都无法实现成形,有两个直线段需要特殊处理。

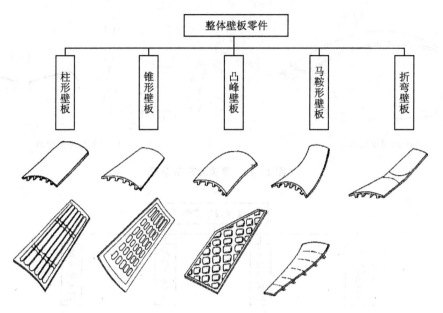

图 1-15 整体壁板零件

2. 增量压弯成形法

图 1-17 为增量压弯成形示意图,通过压弯成形方法,在整体壁板的不同位置进行弯曲变形,这些弯曲变形综合叠加形成双曲度蒙皮。每次压弯沿闸压线位置进行,整体壁板的闸压线位置分布示意图见图 1-18。目前,闸压线的位置与整体壁板的曲度、曲率分布等几何特征有关,具体确定靠技术人员和工人的经验,闸压的次数也依赖于经验。

增量压弯成形具有变形力小的优点,成形范围大,可成形各种带筋结构件,特别是高筋条的整体壁板。局部增量成形,对产品的适应性强。

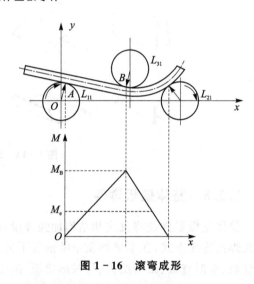

图 1-16 滚弯成形

增量压弯成形中常出现的问题包括筋条开裂、筋条失稳等,成形精度偏低。

3. 喷丸成形法

喷丸成形法由美国 Lockheed 航空公司工程师 Jim Boerger 于 20 世纪 40 年代首先提出,并已成功应用于飞机的整体壁板零件制造中。随着技术的发展,又出现了预应力喷丸、数字化喷丸、双面喷丸、激光喷丸、超声喷丸和高压水喷丸等成形技术。喷丸成形技术是飞机大型蒙皮成形的关键技术之一,如图 1-19 所示。

喷丸成形技术的主要优点如下:

① 工艺装备简单,不需要成形模具,因此零件制造成本低,对零件尺寸大小的适应性强;

② 由于喷丸成形后,沿零件厚度方向在上、下两个表面均形成残余压应力,因此在零件

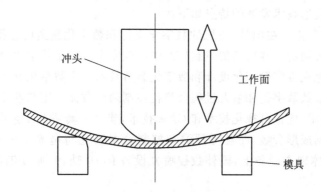

图 1-17 增量压弯成形示意图

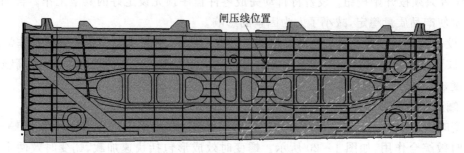

图 1-18 整体壁板的闸压线位置分布示意图

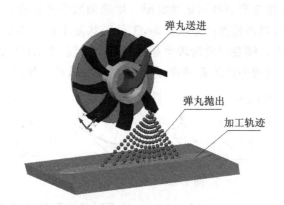

图 1-19 喷丸成形

成形的同时,还可以改善零件的抗疲劳性能;

③ 既可以成形单曲率零件,也可以成形复杂双曲率零件。

喷丸成形经过了几十年的发展,取得了很多成绩。但由于工艺参数确定困难,成形能力有限而受到限制。对大型蒙皮喷丸成形的应用主要存在两个方面的问题:一是设备问题,二是工艺问题。为了适应大型蒙皮成形,还需要大尺寸、高性能的数控喷丸设备。

喷丸成形虽然得到了很好的应用,但其工艺参数在很大程度上要根据技术人员的经验和工艺试验来确定。将现有的经验应用于大型蒙皮成形会少走很多弯路,同时也可能遇到很多新的问题,因此对大型蒙皮喷丸成形工艺的研究非常必要。

大型蒙皮喷丸成形技术发展的特点如下:

① 喷丸技术数字化　在国外,飞机的数字化设计和数字化制造已经得到了很好的应用,在美国的洛克西德公司的一些机型的研制生产中已经完全采用了数字化设计和数字化制造技术。国内航空企业也在推广数字化设计和数字化制造技术。在数字化制造中喷丸技术的数字化主要体现在工艺参数数字化和喷丸过程数字化控制两个方面。工艺参数数字化基于工艺数据库、数字化测量技术、虚拟可视化技术和CAE技术,建立一套喷丸工艺参数快速确定系统,不仅可以预测和控制成形参数,而且可预测和控制喷丸强化与抛光工序对蒙皮的影响。喷丸过程数字化控制体现在设备上,国外数控喷丸设备有10轴、9轴、6轴和5轴等多种数控系统。

② 自动化程度高　自动化喷丸成形技术的优点非常明显,用户不需进行任何编程和测试,操作者只须按开始按钮,设备将自动完成零件程序预先设定好的其他工作。自动化喷丸成形技术使产品质量稳定,减小了人为因素的影响。

③ 设备大型化　为了满足大型蒙皮的喷丸成形需求,开发大型精密喷丸设备非常必要。

④ 成形精密化　通过提高喷丸设备的自动化程度和工艺参数的精确预测,提高喷丸成形件的精度,不需要后续的校形。

4. 蠕变时效成形

蠕变时效成形是在一定温度和外力的作用下材料缓慢变形的过程,其中伴随着蠕变、应力松弛和时效综合作用,如图1-20所示。蠕变时效成形包括快速加载、蠕变时效两个主要阶段。在快速加载阶段,成形件由室温开始快速升温到蠕变时效温度,同时伴随着载荷的施加,在此阶段中发生瞬间弹性变形和瞬间塑性变形。快速加载阶段后进入蠕变时效阶段,在此阶段中温度保持不变,工件与凹模保持贴模状态,工件形状基本保持不变,主要产生应力松弛现象,使材料内的反力降低。蠕变时效阶段也是一个蠕变过程,使工件中的弹性变形转化为塑性变形。同时材料在整个过程中伴随着时效,热压罐蠕变时效成形如图1-21所示。

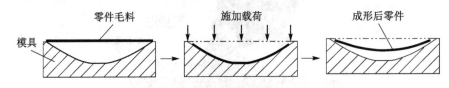

图1-20　蠕变时效成形

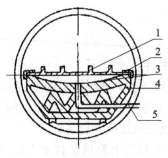

1—毛坯;2—密封装置;3—型面模具;
4—底座;5—抽真空管道

图1-21　热压罐蠕变时效成形示意图

蠕变时效成形具有成形精度高,重复性好,工艺稳定,提高蒙皮的强度,能生产双曲率复杂形状的厚蒙皮和整体壁板件等大型钣金件的优点。蠕变时效成形在一次成形中可以得到非常接近要求的形状。虽然蠕变时效成形设备和模具制造成本高,但对于特大型蒙皮的成形非常有效,是其他方法不可替代的方法。蠕变时效主要涉及两个方面的关键问题:一是需要大型的设备;二是需要成熟的工艺,蠕变时效成形中的关键技术包括载荷施加、模具型面确定、模具结构设计与制造及工艺参数的确定等。

蠕变时效成形技术发展的特点如下：

① 数字化技术　模具型面的设计基于蒙皮数模，结合 CAE 技术。模具制造中采用数控加工、数字化测量和激光定位等先进的数字化技术。

② 自动化技术　特大型蒙皮的转运、定位等均采用成套自动化设备完成。加载和时效环境的控制自动实现。

③ 蠕变时效成形的应用范围将被拓宽　蠕变时效成形工艺主要应用于飞机机翼的上翼面制造，材料为 2024 铝合金。而下翼面受拉伸载荷作用，对材料耐损伤要求高，商用飞机一般采用 2024－T351 铝合金，此材料不适合蠕变时效成形。需要发展新型可时效成形的耐损伤材料用于下翼面。发展更多的适合蠕变时效成形的材料，拓宽蠕变时效成形的应用范围。

1.2.9　热成形零件

由于轻质高强度的钛合金等难成形材料在飞机上的广泛使用，热成形方法得到发展。热成形零件包括型材、框板、波纹板、整流罩、蒙皮和拉深件等，如图 1－22 所示。热成形是金属在再结晶温度以上完成的成形工艺。热成形主要针对塑性较差的难成形材料，通过材料加热改变材料的塑性性能，使零件成形性能提高，实现零件的成形。由于材料加热后暴露在空气中可能造成材料表面氧化，在成形过程中表面需要采取防护措施，同时需要对材料进行润滑以保证成形的顺利完成。

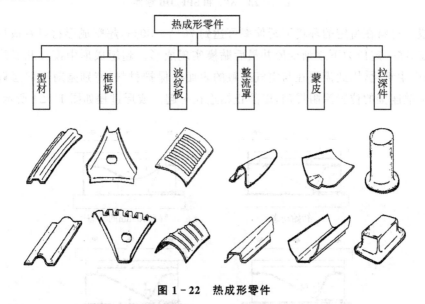

图 1－22　热成形零件

1.2.10　超塑成形和扩散连接零件

超塑成形（Super Plastic Forming，SPF）是利用金属在特定条件（一定的温度、一定的变形速度、一定的组织）下所具有的超塑性来进行塑性加工的方法。扩散连接（Diffusion Bonding，DB）是在一定的温度和压力下，经过一定时间，连接界面原子间相互扩散，实现的可靠连接。

超塑成形和扩散连接过程一般同时完成。

在 SPF、SPF/DB 构件的研制中,结构形式从单层 SPF 构件到 SPF/DB 双层板、三层板和四层板等。构件尺寸越来越大,形状越来越复杂。超塑成形和扩散连接件包括框罩、盒形件、撑杆、壁板、梁框和舱门等,如图 1-23 所示。

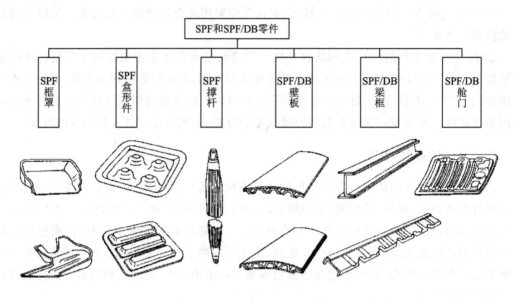

图 1-23 SPF 和 SPF/DB 零件

超塑成形材料在特定的环境下延伸率可达到 70%～80%,超塑成形材料在成形模具中处于超塑状态,在一定压力下逐渐变形并最后贴模实现成形。超塑成形中模具和成形材料温度高,很容易产生氧化,因此需要在与空气接触的表面涂保护材料,特别是对于双层以上的零件在不需要扩散连接的位置涂阻焊剂,以防止粘连在一起。成形过程如图 1-24 所示。

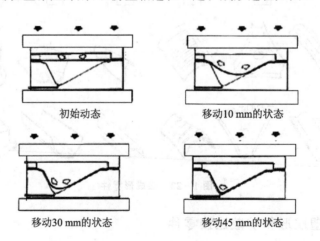

图 1-24 超塑成形过程

1.2.11 局部成形零件

局部成形是通过模具使零件在局部产生变形的方法。局部成形零件包括压窝件、压埂件、翻边件、胀形件、压印件和收(扩)口件等,如图 1-25 所示。

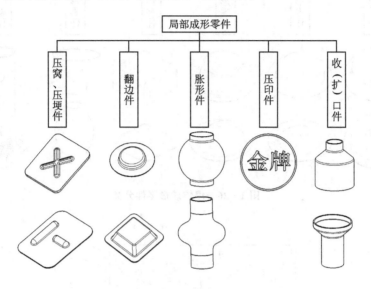

图 1-25 局部成形零件

1.2.12 爆炸成形零件

利用炸药爆炸时所产生的高能冲击波,通过中间介质使坯料产生塑性变形的方法。

爆炸成形时,爆炸物质的化学能在极短时间内转化为周围介质(空气或水)中的高压冲击波,并以脉冲波的形式作用于坯料,使其产生塑性变形并以一定速度贴模,完成成形过程。冲击波对坯料的作用时间为微秒级,仅占坯料变形时间的一小部分。这种高速变形条件,使爆炸成形的变形机理及过程与常规冲压加工有着根本性的差别。

爆炸成形主要特点如下:
① 能提高材料的塑性变形能力,适用于塑性差的难成形材料。
② 一般情况下,爆炸成形无须使用冲压设备,生产条件简化。
③ 模具简单,仅用凹模即可。节省模具材料,降低成本。
④ 适于大型零件成形。爆炸成形不需专用设备,且模具及工装制造简单、周期短、成本低。

爆炸成形目前主要用于板材的拉深、胀形和校形等成形工艺。此外,还常用于爆炸焊接、表面强化、管件结构的装配和粉末压制等方面,爆炸成形零件分类如图 1-26 所示。爆炸成形装置如图 1-27 所示。

由于爆炸成形具有一定的危险性,逐渐被其他方法所取代,国内航空企业已经基本上不再使用该方法了。

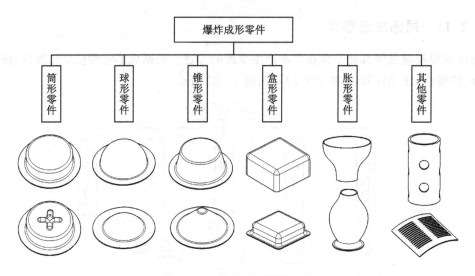

图1-26 爆炸成形零件分类

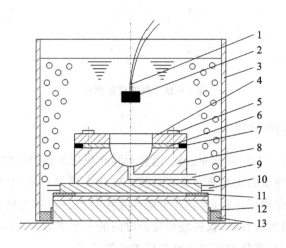

1—电雷管；2—炸药；3—水筒；4—压边圈；5—螺栓；
6—毛坯；7—密封件；8—凹模；9—真空管道；10—压缩空气管路；
10—缓冲装置；12—垫环；13—密封件

图1-27 爆炸成形装置

1.2.13 挤压型材零件

飞机上的框、肋、桁条等零件经常使用挤压型材加工而成。按加工方法可将挤压型材零件分为压下陷型材、压弯型材、滚（绕）弯型材、拉弯型材和复杂形型材等，如图1-28所示。

压下陷型材通过下陷模完成下陷的成形；压弯型材通过压弯设备，采用通用的弯曲模进行压弯成形；滚（绕）弯型材采用滚弯机进行成形；拉弯型材采用拉弯设备和弯曲模具进行成形，由于在弯曲过程中沿弯曲中性层方向施加了拉伸力，减小了回弹弯曲力矩，回弹量减小；复杂形型材由于形状复杂，需要弯曲、扭转等变形复合才能完成成形。

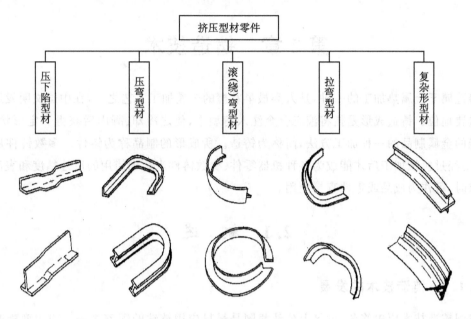

图 1-28 挤压型材零件

习 题

1. 航空钣金成形零件按工艺方法是怎样分类的？
2. 航空钣金成形的主要成形方法有哪些？
3. 整体壁板零件有哪些成形方法？
4. 简述钣金件变形的基本特点。
5. 喷丸成形有哪些优点？
6. 简述超塑成形和扩散连接零件的定义。
7. 简述爆炸成形的主要特点。
8. 简述橡皮囊液压成形的特点。
9. 挤压型材零件按加工方法是怎样分类的？
10. 简述落压成形件的分类。

第 2 章　铸造技术

铸造属于金属热加工的一种,是人类最早掌握的金属加工工艺之一,在中国文明发展史上有着重要地位。铸造成形是指将液态合金注入铸型中,使之冷却、凝固后获得一定形状、尺寸和性能的金属制品的一种加工方法,简称为铸造。所成形的制品称为铸件。多数铸件用作毛坯,需要经过机械加工后才能成为各种机器零件;少数铸件当达到使用的尺寸精度和表面粗糙度要求时,可作为成品或零件直接使用。

2.1　概　述

2.1.1　铸造技术的发展

我国铸造技术历史悠久,世界上公认我国是最早应用铸铁的国家之一。我国商朝时期制造的铜钺具有铁刃,据考证,那时的铁刃是用陨铁锻造而成的,然后镶铸上铜背。自周朝末年开始有了铸铁,铁制农具发展很快,而欧洲在公元八世纪前后才开始生产铸铁件。秦、汉以后,我国农田耕作大都使用了铁制农具,如耕地的犁、锄、镰、铲、锹等,说明当时已具备相当先进的生产方法。最晚到宋朝,我国已开始使用铸造铁炮和铸造地雷。铸造技术对文化、经济的发展具有重大影响,日常用语中的许多词汇如"模范""范围""就范""陶冶""陶铸""铸成大错""大器晚成"等,也都来自古代铸造术语。

进入 20 世纪后,铸造技术发展速度很快,原因之一是产品技术的进步,要求铸件的各种机械物理性能更好,同时仍具有良好的机械加工性能;另一个原因是机械工业本身和其他工业,如化工、仪表等行业的发展,给铸造业的发展创造了有利的物质条件。如,检测手段的发展,保证了铸件质量的提高和稳定,并给铸造理论的发展提供了条件;电子显微镜等的发明,帮助人们深入了解金属的微观世界,探索金属结晶的奥秘,研究金属凝固的理论,指导铸造生产。

近些年,我国铸件的产量约达 1 000 万吨/年,为机床、汽车、拖拉机、飞机、船舶、动力、冶金、化工和重型机器制造业等提供各种铸件。例如,我国已铸出约 315 t 的大型厚板轧机的铸钢机架、重 260 t 的大型铸铁钢锭模,还铸出 30×10^4 kW 的水轮机转子等结构复杂、尺寸要求很严的铸件。这些均标志着我国铸造技术水平正在接近国际水平。近年来,我国许多铸件已进入国际市场,专业铸造研究所和大学的科研工作蓬勃地开展起来。例如,采用电子计算机模拟大型铸件的凝固过程的研究和试验,大型铸件铸造工艺的计算机辅助设计,金属过滤技术和水力模拟技术的研究和应用,反映出我国铸造工艺水平正在日益提高。

2.1.2　铸造的分类

铸造种类很多,按造型方法习惯上分为砂型铸造和特种铸造。

1. 砂型铸造

砂型铸造包括湿砂型、干砂型和化学硬化砂型 3 类。

砂型铸造是一种金属铸造工艺,其特征在于使用砂子作为铸模材料。60%以上的铸件是用砂型铸造法制造的,砂型铸造是应用最广的铸造方法。制造砂型的基本原材料是铸造砂和型砂黏结剂。最常用的铸造砂是硅质砂。硅质砂的高温性能不能满足使用要求时则使用锆英砂、铬铁矿砂、刚玉砂等特种砂。为使制成的砂型和型芯具有一定的强度,在搬运、合型及浇注液态金属时不致变形或损坏,一般要在铸造中加入型砂黏结剂,将松散的砂粒黏结起来形成型砂。应用最广的型砂黏结剂是黏土,也可采用各种干性油或半干性油、水溶性硅酸盐或磷酸盐和各种合成树脂作型砂黏结剂。

砂型铸造具有如下特点:

① 生产周期短,产品成本低;

② 产品批量、大小不受限制;

③ 劳动强度大,劳动条件较差;

④ 铸件质量不稳定,易产生缺陷。

2. 特种铸造

按造型材料又可分为以天然矿产砂石为主要造型材料的特种铸造和以金属为主要铸型材料的特种铸造 2 类。

常用的特种铸造方法有:熔模精密铸造、石膏型精密铸造、陶瓷型精密铸造、消失模铸造、金属型铸造、压力铸造、低压铸造、差压铸造、真空吸铸、挤压铸造、离心铸造、连续铸造、半连续铸造、壳型铸造、石墨型铸造、电渣熔铸等。

相对于砂型铸造,特种铸造具有如下优点:

① 铸件尺寸精确,表面粗糙度值低,更接近零件最后尺寸,易于实现少切削或无切削加工。

② 铸件内部质量好,力学性能高,铸件壁厚可以减薄。

③ 降低金属消耗和铸件废品率。

④ 简化铸造工序(除熔模铸造外),便于实现生产过程的机械化、自动化。

⑤ 改善劳动条件,提高劳动生产率。

随着科技的发展,铸造出现了很多方法,不同的铸件尺寸、形状及精度采用的铸造方法也不尽相同。几种常见的铸造方法比较见表 2-1。

表 2-1 几种常见的铸造方法比较

比较内容	铸造方法						
	砂型铸造	熔模铸造	陶瓷型铸造	金属型铸造	低压铸造	压力铸造	离心铸造
适用合金	不限制	以碳钢和合金钢为主	以高熔合金为主	以有色金属为主	以有色金属为主	用于有色合金	多用于黑色金属,铜合金
适用铸件的大小及重量	不限制	一般<25 kg	大中型件,最大达数吨	中小件,铸钢可达数吨	中小件最重达数百千克	一般中小型铸件	中小件

续表 3-1

比较内容	铸造方法						
	砂型铸造	熔模铸造	陶瓷型铸造	金属型铸造	低压铸造	压力铸造	离心铸造
适用铸件的最小壁厚/mm	灰铸件为3,铸钢件为5,有色合金为3	通常为0.7,孔径Φ为1.5~2.0	通常>1,孔径Φ>2	铝合金为2~3,铸铁>4,铸钢>5	通常壁厚为2~5,最小壁厚为0.7	铜合金<2,其他0.5~1,孔径Φ为0.7	最小内孔径Φ为7
表面粗糙度 $Ra/\mu m$	粗糙	6.3~1.6	12.5~6.3	12.5~1.6	3.2~0.8	3.2~0.8	12.5~6.3
尺寸公差/mm	CT11~13	CT4	CT6	CT6	CT6	CT4	CT14~12
金属利用率/%	70	90	90	70	80	95	70~90
铸件内部质量	结晶粗	结晶粗	结晶粗	结晶细	结晶细	结晶细	结晶细
生产率(在适当机械化、自动化后)	可达240箱/h	中等	低	中等	中等	高	高
应用举例	各类铸件	刀具、机械叶片、测量仪表、电风设备等	各类模具	发动机、汽车、飞机、拖拉机、电器零件等	发动机、电器零件、叶轮、壳体、箱体零件等	汽车、电器仪表、照相器材、国防工业零件等	各种套、环、筒、辊、叶轮等

2.1.3 铸造技术的特点

铸造工艺过程通常包括：

① 铸型(使液态金属成为固态铸件的容器)准备　铸型按所用材料可分为砂型、金属型、陶瓷型、泥型、石墨型等,按使用次数可分为一次性型、半永久型和永久型,铸型准备是影响铸件质量的主要因素。

② 铸造金属的熔化与浇注　铸造金属(铸造合金)主要有铸铁、铸钢和铸造有色合金。

③ 铸件处理和检验　铸件处理包括清除型芯和铸件表面异物、切除浇冒口、铲磨毛刺和披缝等凸出物以及热处理、整形、防锈处理和粗加工等。

常用的铸造金属包括铸造用黑色金属(铸铁、铸钢)和铸造用有色金属。铸造金属的铸造性主要与材料特性和结构特点有关。铸造金属材料特性包括材料综合力学性能、铸件壁厚变化对力学性能的影响、冷却速度的敏感性、金属流动性、线收缩与体积收缩、缺口敏感性及热稳定性等。常用的铸造金属及性能见表2-2。

铸造具有如下优点：

① 适应性广　按铸造法几乎不受零件大小、薄厚和复杂程度的限制,可以铸造壁厚由0.3 mm 到1 mm、长度由几个毫米到十几米、重量由几克到300多吨的制件;可以生产形状复杂的制件,特别是内腔形状复杂的制件,如气缸体、涡轮叶片、床身件、机架等。

表 2-2 常用的铸造金属及性能

材 料	综合材料力学性能	特 点
灰铸铁	综合力学性能低,抗压强度大,为本身抗拉强度的 3~4 倍,消震能力比钢大 10 倍,弹性模数较低	① 可获得比铸钢更薄而复杂的铸件,铸件中残余内应力及翘曲变形较铸钢小; ② 对冷却速度敏感性大,薄截面容易形成白口和裂纹,厚截面易形成疏松,当壁厚超过临界值时,灰铸铁件随着壁厚的增加力学性能反而显著降低; ③ 流动性好,对缺口敏感性小,表面光洁,加工余量比铁钢小,表面加工质量不高,对疲劳极限不利影响小; ④ 消震性高,常用来制作承受振动的机座; ⑤ 不允许用于长时间在 250 ℃温度下工作的零件; ⑥ 不同截面上性能较均匀,适于制作要求高、而截面不一的较为厚的(大型)铸件
球墨铸铁	强度、塑性和弹性模数均比灰铸铁高。抗磨性好,比灰铸铁约大一倍。消震能力比灰铸铁低	① 铸件多设计成均匀厚度,尽量避免厚大断面; ② 相连壁的圆角,不同壁厚的过渡段与铸钢相似; ③ 球墨铸铁体积收缩与铸钢相近,其结构设计与铸钢相近;流动性好,在某些情况下可代替铸钢作薄壁零件; ④ 可制造在 300~400 ℃温度范围内使用的零件; ⑤ 球墨铸铁的化学成分可在一较宽范围内变动而不致引起极大的力学性能变化
可锻铸铁	退火前很脆,综合力学性能稍逊于球墨铸铁,冲击韧性比灰铸铁高 3~4 倍,是韧性与冲击值最好的一种铸铁	① 体积收缩大,适宜做壁厚为 5~16 mm 的零件,避免十字形截面; ② 可锻铸铁由白口铸铁热处理(退火或韧化)而得,故其不同厚度截面中的力学性能变化很大,因此加工余量应当很小(尺寸<500 mm 的铸件加工余量为 2~3 mm);同一铸件厚度一定要均匀; ③ 适合铸造一些薄截面、形状复杂而在工作中受震动的零件; ④ 可以在 300~350 ℃温度范围内使用; ⑤ 铸件比一般灰口铸铁表面粗糙度小;表层韧性较好,适用于力学性能要求较高的表面不加工的毛坯件; ⑥ 突出部都要用筋加固
铸钢	综合力学性能高、抗压强度与本身抗拉强度相等,消震性低	① 铸件壁厚比铸铁要大,不易铸出复杂零件,内应力及翘曲较大; ② 可以做出大厚度铸件,其力学性能在厚度增加时没有显著降低,但必须使铸件保持顺序凝固的条件(即使铸件壁保持一定的锥度和节点位于铸件上部等),以防止疏松与缩孔,但对一些壁较薄而且均匀的铸件,则应创造同时凝固的条件; ③ 相连壁的圆角,不同壁厚的过渡段均比灰口铸铁大; ④ 减少节点及金属积聚比灰铸铁要求严格; ⑤ 气体饱和倾向大,流动性不好,表皮杂质及气泡多,所以加工余量比灰口铸铁大; ⑥ 含碳量增高,收缩率增加,导热性能降低,故高碳件容易发生冷裂;低合金钢比碳钢易裂;高锰钢导热性很差,收缩率大,很容易开裂

续表 2－2

材料	综合材料力学性能	特 点
黄铜	铸造性良好，流动性好，线收缩不大，缩松及偏析倾向小，生成集中性缩孔，生成气孔倾向较小；在大气及低速、干燥纯净的蒸气中腐蚀极微	① 类同铸钢件； ② 不须另外脱氧处理，可获得致密铸件； ③ 含锌较高的 α 黄铜或 β 黄铜中常出现脱锌腐蚀破裂（季节性破裂），可加 Al、Sn、Ni、Si 等防止。另外，黄铜还有应力腐蚀破裂（自动破裂），但可能性较小
锡青铜	铸造性比黄铜差，流动性不好，结晶范围大，容易偏析，易产生缩松，线收缩不大，体积收缩小，高温性能差，易吮，强度随截面增大显著下降。耐磨性好。耐低温	① 可用作铸造各种厚薄不均，尺寸准确的铸件和花纹清晰的工艺美术品，壁厚不得过大，零件突出部分应用较薄的加强筋加固以免热裂； ② 不能用来铸造要求高密封性的铸件； ③ 采用金属型或离心铸造可以减少缺陷，质量较有保证（大量生产用），单件、小批量生产仍用砂型铸造
无锡青铜	流动性很好，结晶范围小，偏析很少，不易生成缩松，但生成集中缩孔，体积收缩大；铝青铜容易吸收气体及氧化而形成氧化铝薄膜造成微裂；无锡青铜具有高的强度、耐磨性、耐热性，在大气、海水、硫酸及大多数的有机酸中耐蚀性较好	① 类同铸钢件； ② 铝青铜具有很高的强度（可与钢比）、冲击韧性、疲劳强度、耐磨、耐低温、耐热，冲击不生火花；采用铝青铜可获得致密铸件，在很多情况下，可代替不锈钢
铝合金	ZL101、ZL102、ZL103、ZL104（这些铝合金不能进行阳极化处理，只能涂漆处理）、ZL105 五种铝合金铸造性能良好，ZL203、ZL301 两种铝合金铸造性能比较差	① ZL102 力学性能不高，只能做受力不大的零件，可以铸造薄壁、形状复杂、尺寸大的铸件； ② ZL104 广泛用于汽车、航空发动机，以及一般机械电气器具等形状复杂的铸件； ③ ZL101、ZL103 吸气倾向大，极易形成细小的针孔，对于大型厚壁铸件最好在压力下进行结晶，多用来铸造形状复杂的中型和大型铸件； ④ ZL301 做的铸件厚大截面易出现黄褐色到暗黑色的显微疏松，使强度急剧下降，对厚薄截面变化敏感性大； ⑤ 铝合金铸件的强度随壁厚增大，下降得更显著；铝合金可铸出壁薄而形状比较复杂的铸件

② 可制造各种合金铸件 铸造工艺灵活性大，工业上常用的金属材料均可用来进行铸造，可以生产铸钢件、铸铁件、各种合金件等。对于脆性金属和合金，铸造是唯一可行的加工方法。在生产中以铸铁件应用最广，占铸件总产量的 70% 以上。

③ 铸件的尺寸精度高 一般比锻件、焊接件尺寸精确高，可节约大量金属材料和机械加工工时。

④ 成本低廉 铸造用原材料来源广泛，可直接利用废、旧金属料；设备投资比较低，易于实现机械化生产；与锻件相比，其动力消耗小；尺寸精度高，加工余量小，节约加工工时和金属，故铸件成本较低。

⑤ 铸件组织疏松、晶粒粗大 内部易产生缩孔、缩松、气孔等缺陷，因此，铸件的力学性能，特别是冲击韧度低于同种材料的锻件。

铸造也存在如下缺点：
① 生产工序繁多、工艺过程较难控制、铸件易产生缺陷；
② 铸件的尺寸均一性差，尺寸精度低；
③ 与相同形状、尺寸的锻件相比，红外碳硫仪铸件的内在质量差，承载能力不及锻件；
④ 工作环境差，温度高，粉尘多，劳动强度大；
⑤ 耗能高，污染大。

2.2 金属液态成型工艺基础

2.2.1 熔融合金的流动性及充型

液态合金充满型腔是获得形状完整、轮廓清晰合格铸件的保证，铸件的很多缺陷都是在此阶段形成的。

1. 熔融合金的流动性

（1）流动性

液态合金充满型腔，形成轮廓清晰、形状和尺寸符合要求的优质铸件的能力，称为液态合金的流动性。

流动性差：铸件易产生浇不到、冷隔、气孔和夹杂等缺陷。

流动性好：易于充满型腔，有利于气体和非金属夹杂物上浮和对铸件进行补缩。

用螺旋形流动性试样衡量合金流动性，如图 2-1 所示。在常用铸造合金中，灰铸铁、硅黄铜的流动性最好，铸钢的流动性最差。常用合金的流动性数值见表 2-3。

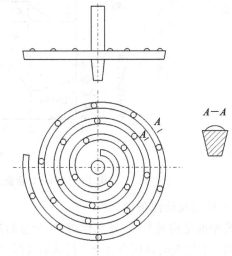

图 2-1 螺旋形试样

表 2-3 常用合金的流动性（砂型，试样截面 8 mm×8 mm）

合金种类	铸型种类	浇注温度/℃
铸铁　$w_{C+Si}=6.2\%$	砂型	1 300
$w_{C+Si}=5.9\%$	砂型	1 300
$w_{C+Si}=5.2\%$	砂型	1 300
$w_{C+Si}=4.2\%$	砂型	1 300
铸钢　$w_C=0.4\%$	砂型	1 600
铝硅合金（硅铝明）	砂型	1 640
镁合金（含 Al 和 Zn）	金属型（300 ℃）	680～720
锡青铜（$w_{Sn}\approx10\%$，$w_{Zn}\approx2\%$）	砂型	700
硅黄铜（$w_{Si}=1.5\%\sim4.5\%$）	砂型 砂型	1 040 1 100

(2) 影响合金流动性的因素

1) 化学成分

纯金属和共晶成分的合金,由于是在恒温下进行结晶,液态合金从表层逐渐向中心凝固,固液界面比较光滑,对液态合金的流动阻力较小;同时,共晶成分合金的凝固温度最低,可获得较大的过热度,推迟了合金的凝固,故流动性最好;其他成分的合金是在一定温度范围内结晶的,由于初生树枝状晶体与液体金属两相共存,粗糙的固液界面使合金的流动阻力加大,合金的流动性大大下降,合金的结晶温度区间越宽,流动性越差。

Fe-C 合金的流动性与含碳量之间的关系如图 2-2 所示。由图可见,亚共晶铸铁随含碳量增加,结晶温度区间减小,流动性逐渐提高,愈接近共晶成分,合金的流动性愈好。

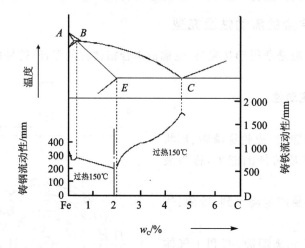

图 2-2 Fe-C 合金的流动性与含碳量的关系

2) 铸型及浇注条件

铸型的结构越复杂,导热性越好,合金的流动性越差。提高合金的浇注温度和浇注速度,以及增大静压头的高度会使合金的流动性增加。浇注温度:铸钢 1 520~1 620 ℃;铸铁 1 230~1 450 ℃;铝合金 680~780 ℃。

2. 影响熔融合金充型的条件

铸型的温度低、热容量大,充型能力下降;铸型的发气量大、排气能力较低时,会使合金的充型能力下降;浇注系统和铸件的结构越复杂,合金在充型时的阻力越大,充型能力下降。提高浇注速度、浇注温度和增加直浇道的高度,会使合金的充型能力提高。

2.2.2 液态合金的收缩

1. 收缩的概念

液态合金在凝固和冷却过程中,体积和尺寸减小的现象称为合金的收缩。收缩能使铸件产生缩孔、缩松、裂纹、变形和内应力等缺陷。

如图 2-3 所示,合金的收缩经历以下三个阶段:

① 液态收缩 从浇注温度($T_{浇}$)到凝固开始温度(即液相线温度 T_l)间的收缩。

② 凝固收缩 从凝固开始温度(T_l)到凝固终止温度(即固相线温度 T_s)间的收缩。

③ 固态收缩 从凝固终止温度(T_s)到室温间的收缩。

合金的收缩率为上述三个阶段收缩率的总和。

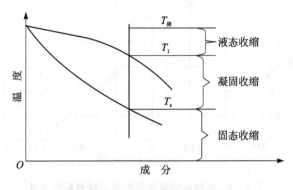

图 2-3　合金收缩的三个阶段

体积收缩率：因为合金的液态收缩和凝固收缩表现为合金体积的缩减，故常用单位体积收缩量来表示。

线收缩率：合金的固态收缩不仅引起体积上的缩减，同时还使铸件在尺寸上减小，因此常用单位长度上的收缩量来表示。

常用合金中，铸钢的收缩率最大，灰铸铁最小。几种铁碳合金的体积收缩率见表 2-4。常用铸造合金的线收缩率见表 2-5。

表 2-4　几种铁碳合金的体积收缩率

合金种类	含碳量/%	浇注温度/℃	液态收缩率/%	凝固收缩率/%	固态收缩率/%	总体积收缩率/%
碳素铸钢	0.35	1 610	1.6	3.0	7.86	12.46
白口铸铁	3.0	1 400	2.4	4.2	5.4~6.3	12~12.9
灰铸铁	3.5	1 400	3.5	0.1	3.3~4.2	6.9~7.8

表 2-5　常用铸造合金的线收缩率

合金种类	灰铸铁	可锻铸铁	球墨铸铁	碳素铸钢	铝合金	铜合金
线收缩率/%	0.8~1.0	1.2~2.0	0.8~1.3	1.38~2.0	0.8~1.6	1.2~1.4

化学成分不同，其收缩率也略有差别。例如，碳素铸钢随含碳量的增加，其结晶温度范围变宽，凝固收缩率增大。

几种铸造碳钢的凝固收缩率见表 2-6。

表 2-6　铸造碳钢的凝固收缩率

含碳量/%	0.10	0.25	0.35	0.45	0.70
凝固收缩率/%	2.0	2.5	3.0	4.3	5.3

灰铸铁在凝固时有石墨化膨胀，故随碳当量增加，凝固收缩减小，如图 2-4 所示。

2. 铸件的缩孔和缩松

（1）缩孔和缩松的形成

若液态收缩和凝固收缩所缩减的体积得不到补足，则在铸件的最后凝固部位会形成一些

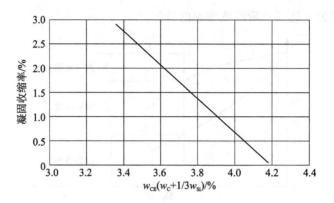

图 2-4 灰铸铁的凝固收缩率与碳当量的关系

孔洞。按照孔洞的大小和分布,可将其分为缩孔和缩松两类。

缩孔:集中在铸件上部或最后凝固部位、容积较大的孔洞。缩孔多呈倒圆锥形,内表面粗糙。

缩松:分散在铸件某些区域内的细小缩孔。

① 缩孔的形成 主要出现于金属在恒温或很窄温度范围内结晶,铸件壁呈逐层凝固方式的条件下,如图 2-5 所示。

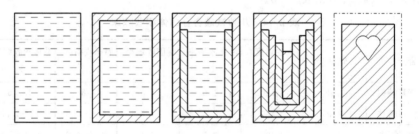

图 2-5 缩孔形成过程示意图

合金的液态收缩和凝固收缩越大,浇注温度越高,铸件的壁越厚,缩孔的容积就越大。

② 缩松的形成 主要出现在呈糊状凝固方式的合金中或断面较大的铸件壁中,是被树枝状晶体分隔开的液体区难以得到补缩所致。缩松大多分布在铸件中心轴线处、热节处、冒口根部、内浇口附近或缩孔下方,如图 2-6 所示。

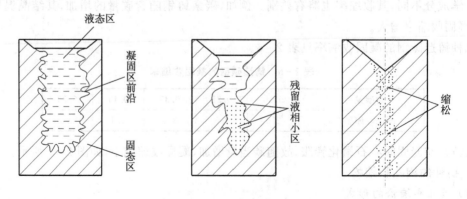

图 2-6 缩松示意图

（2）缩孔和缩松的防止

防止缩孔：使铸件实现"定向凝固"。

定向凝固：在铸件可能出现缩孔的厚大部位，通过安放冒口等工艺措施，使铸件上远离冒口的部位最先凝固（见图2-7的Ⅰ区），而后是靠近冒口的部位凝固（见图2-7的Ⅱ、Ⅲ区），冒口本身最后凝固。按照这样的凝固顺序，先凝固部位的收缩，由后凝固部位的金属液来补充；后凝固部位的收缩，由冒口中的金属液来补充从而将缩孔转移到冒口之中。

冷铁：为了实现定向凝固，在安放冒口的同时，在铸件上某些厚大部位增设的金属材料，如图2-8所示。

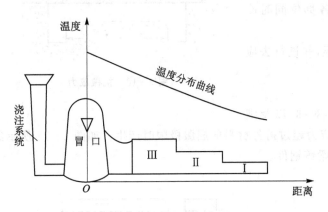

图2-7 定向凝固示意图

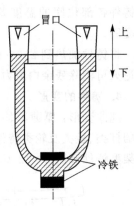

图2-8 冷铁的应用

3. 铸造应力

铸造应力有热应力和机械应力两类，它们是铸件产生变形和裂纹的基本原因。

（1）热应力的形成

由于铸件各部分冷却速度不同，以致在同一时期铸件各部分收缩不一致，从而引起热应力。

图2-9所示为框形铸件热应力的形成过程。

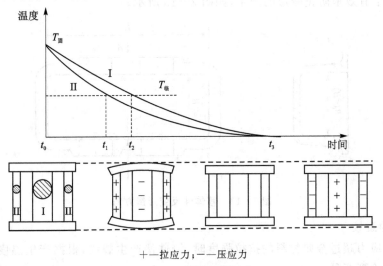

+—拉应力；—压应力

图2-9 热应力的形成

热应力形成规律：铸件的厚壁或心部受拉应力，薄壁或表层受压应力。

(2) 机械应力的形成

机械应力是合金的线收缩受到铸型或型芯的机械阻碍而形成的内应力，如图 2-10 所示。

机械应力使铸件产生拉伸或剪切应力。机械应力是暂时存在的，在铸件落砂之后，这种内应力便可自行消除。

(3) 减小应力的措施

在铸造工艺上采取"同时凝固原则"，尽量减小铸件各部位间的温度差，使铸件各部位同时冷却凝固。

将铸件加热到 550～650 ℃保温，并进行去应力退火可消除残余内应力。

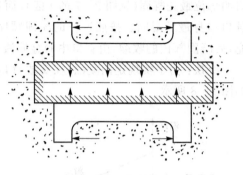

图 2-10　机械应力

4. 铸件的变形

翘曲变形：厚薄不均匀、截面不对称，以及细长的杆类、板类及轮类铸件，当铸造应力超过铸件材料的屈服极限时产生。如图 2-11 所示的框架型铸件和图 2-12 所示的 T 型梁铸钢件。

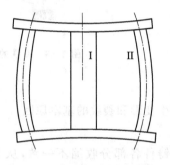

图 2-11　框架铸件变形示意图

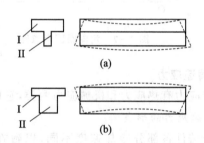

图 2-12　T 型梁铸钢件变形示意图

反变形法：有效地防止变形的产生，如图 2-13 所示。

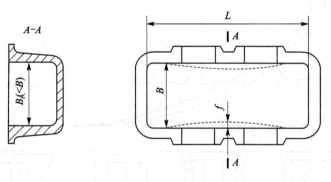

图 2-13　箱体件反变形量方向

5. 铸件的裂纹

当铸造内应力超过金属材料的抗拉强度时，铸件便产生裂纹，根据产生温度的不同，裂纹可分为热裂和冷裂两种。

(1) 热　裂

高温下的金属强度很低,如果金属的线收缩受到铸型或型芯的阻碍,机械应力超过该温度下金属的强度,便产生热裂。

特征:热裂纹尺寸较短、缝隙较宽、形状曲折、缝内呈严重的氧化色。

影响热裂的因素:

① 合金性质(合金的结晶特点和化学成分);

② 铸型阻力(铸型、型芯的退让性)。

防止热裂的方法:合理的铸件结构,型砂和芯砂的退让性,严格限制钢和铸铁中硫的含量等。特别是后者,因为硫能增加钢和铸铁的热脆性,使合金的高温强度降低。

(2) 冷　裂

低温形成的裂纹称为冷裂。

冷裂纹特征:表面光滑,具有金属光泽或呈微氧化色,贯穿整个晶粒,常呈圆滑曲线或直线状。脆性大、塑性差的合金,如白口铸铁、高碳钢及某些合金钢,最易产生冷裂纹,大型复杂铸铁件也易产生冷裂纹。冷裂往往出现在铸件受拉应力的部位,特别是应力集中的部位。

防止冷裂的方法:减小铸造内应力和降低合金的脆性。如铸件壁厚要均匀;增加型砂和芯砂的退让性;降低钢和铸铁中的磷含量,因为磷能显著降低合金的冲击韧度,使钢产生冷脆。如铸钢的磷含量大于 0.1%、铸铁的磷含量大于 0.5% 时,因冲击韧度急剧下降,冷裂倾向明显增加。

2.2.3　铸件的常见缺陷

砂型铸造铸件缺陷有:冷隔、浇不足、气孔、粘砂、夹砂、砂眼和胀砂等。

(1) 冷隔和浇不足

液态金属充型能力不足,或充型条件较差,在型腔被填满之前,金属液便停止流动,使铸件产生浇不足或冷隔缺陷。浇不足时,铸件不能获得完整的形状;冷隔时,铸件虽可获得完整的外形,但因存有未完全融合的接缝,铸件的力学性能严重受损。

防止浇不足和冷隔的方法:提高浇注温度与浇注速度。

(2) 气　孔

气体在金属液结壳之前未及时逸出,在铸件内生成的孔洞类缺陷。气孔的内壁光滑、明亮或带有轻微的氧化色。铸件中产生气孔后,将会减小其有效承载面积,且在气孔周围会引起应力集中而降低铸件的抗冲击性和抗疲劳性。气孔还会降低铸件的致密性,致使某些要求承受水压试验的铸件报废。另外,气孔对铸件的耐腐蚀性和耐热性也有不良的影响。

防止气孔的产生:降低金属液中的含气量,增大砂型的透气性,以及在型腔的最高处增设出气冒口等。

(3) 粘　砂

铸件表面上粘有一层难以清除的砂粒称为粘砂。粘砂既影响铸件外观,又增加铸件清理和切削加工的工作量,甚至会影响机器的寿命。例如铸齿表面有粘砂时容易损坏,泵或发动机等机器零件中若有粘砂,则将影响燃料油、气体、润滑油和冷却水等流体的流动,并会玷污和磨损整个机器。

防止粘砂的方法:在型砂中加入煤粉,以及在铸型表面涂刷防粘砂涂料等。

(4) 夹　砂

在铸件表面形成的沟槽和疤痕缺陷,在用砂型铸造厚大平板类铸件时极易产生。夹砂的形式如图 2-14 所示,其形成过程如图 2-15 所示。

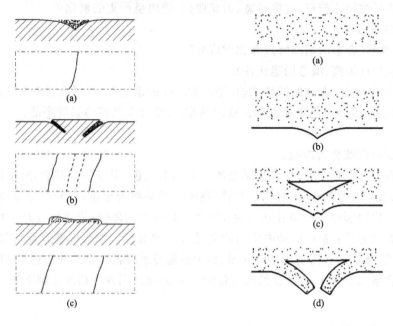

图 2-14　夹砂的形式　　　　图 2-15　夹砂形成过程示意图

铸件中产生夹砂的部位大多是与砂型上表面相接触的地方,型腔上表面受金属液辐射热的作用,容易拱起和翘曲,当翘起的砂层受金属液流不断冲刷时可能断裂破碎,留在原处或被带入其他部位。铸件的上表面越大,型砂体积膨胀越大,形成夹砂的倾向性也越大。

(5) 砂　眼

在铸件内部或表面充塞着型砂的孔洞类缺陷。

(6) 胀　砂

浇注时在金属液的压力作用下,铸型型壁移动,铸件局部胀大形成的缺陷。

为了防止胀砂,应提高砂型强度、砂箱刚度、加大合箱时的压箱力或紧固力,并适当降低浇注温度,使金属液的表面提早结壳,以降低金属液对铸型的压力。

2.3　常用的铸造方法

2.3.1　砂型铸造

用砂型紧实成型的铸造方法称为砂型铸造。砂型铸造是应用最广泛的一种铸造方法。将成型工件的模型放在砂中,压紧砂型成模具型腔。模型须在浇铸金属前从模具中取出,因此模具应根据铸件情况制成两箱造型或多箱造型。模具必须布置浇铸口,使金属流入型腔。模具保持闭合直到金属固化。当工件取出时模具被破坏,所以每个铸件都要做一个新模具。砂型铸造可以用来铸造铁铸件、青铜铸件、黄铜铸件和铝铸件。

砂型铸造方法适应性强,几乎不受铸件材质、尺寸、质量及生产批量的限制。砂型铸造的铸型为一次性铸型,造型工作量很大,尤其是手工造型;工人劳动条件差,生产效率低;对大批量生产采用机器造型。砂型铸造的铸件精度和表面质量较差,铸件的毛坯余量较大,而且由于影响质量的因素很多,易产生铸造缺陷,质量不稳定,废品率高,机械性能较差。尽管砂型铸造存在着许多缺点,但砂型铸造仍是一种应用最广的铸造工艺方法。

砂型铸造的生产过程如图2-16所示,主要包括制造模型和型芯盒,制备型砂和型芯砂,造型和制型芯,砂型和型芯的烘干,合箱,金属的熔炼及浇注,落砂,清理,检验等。

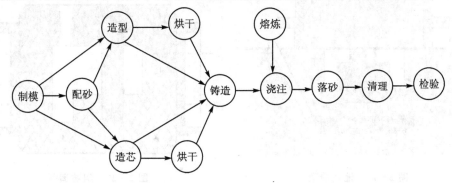

图2-16 砂型铸造生产过程

用造型混合料及模样等工艺装备制造铸型的过程称为造型。造型是砂型铸造的最基本工序,通常分为手工造型和机器造型两大类。

(1) 手工造型

手工造型是全部用手工或手动工具完成的造型工序,手工造型操作灵活、适应性广、工艺装备简单、成本低,但其铸件质量差、生产率低、劳动强度大、技术水平要求高,所以手工造型主要用于单件、小批量生产,特别是重型和形状复杂的铸件。

根据砂箱的不同特征,手工造型方法可分为:两箱造型、三箱造型、地坑造型和组芯造型;根据模样的不同特征,手工造型方法可分为:整模造型、分模造型、挖砂造型、假箱造型、活块造型和刮板造型。

① 两箱造型是造型的最基本方法,铸型由成对的上型和下型构成(见图2-17),操作简单,适用于各种生产批量和各种大小的铸件。

② 三箱造型的铸型是由上、中、下三型构成(见图2-18),中型高度需与铸件两个分型面的间距相适应,三箱造型操作费工,主要适用于具有两个分型面的单件、小批量生产的铸件。

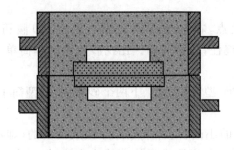

图2-17 两箱造型

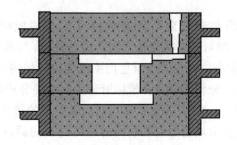

图2-18 三箱造型

③ 地坑造型是利用车间地面砂床作为铸型的下箱(见图2-19)。大铸件需在砂床下面铺以焦炭,埋上出气管,以便浇注时引气。地坑造型仅用或不用上箱即可造型,因而节省了造砂箱的费用和时间,但造型费工、生产率低,要求个人技术水平高。适用于砂箱不足,或生产要求不高的中、大型铸件,如砂箱、压铁、炉栅和芯骨等。

④ 组芯造型是用若干块砂芯组合成铸型,而无需砂箱(见图2-20)。它可提高铸件的精度,但成本高。适用于大批量生产形状复杂的铸件。

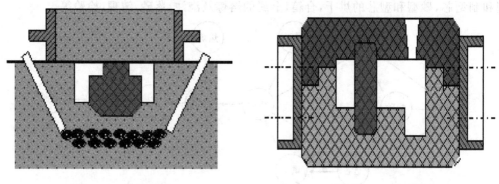

图2-19 地坑造型　　　　　　　图2-20 组芯造型

⑤ 整模造型的模样是整体的,分型面是平面,铸型型腔全部在半个铸型内,其造型简单,铸件不会产生错型缺陷(见图2-21)。适用于铸件最大截面在一端,且为平面的铸件。

⑥ 挖砂造型的模样是整体的,但铸件分型面为曲面(见图2-22)。为便于起模,造型时用手工挖去阻碍起模的型砂,其造型费工,生产率低,工人技术水平要求高。用于分型面不是平面的单件、小批生产铸件。

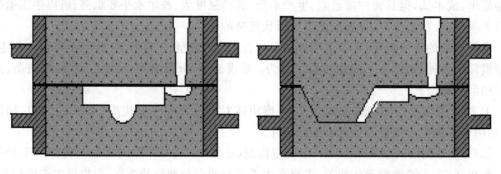

图2-21 整模造型　　　　　　　图2-22 挖砂造型

⑦ 假箱造型是为克服挖砂造型的挖砂缺点,在造型前预先做个底胎(即假箱)(见图2-23),然后在底胎上制下箱,因底胎不参与浇注,故称假箱。比挖砂造型操作简单,且分型面整齐。适用于成批生产中需要挖砂的铸件。

⑧ 分模造型是将模样沿最大截面处分成两半,型腔位于上、下两个砂箱内,造型简单省工(见图2-24)。常用于最大截面在中部的铸件。

⑨ 活块造型是在制模时将铸件上妨碍起模的小凸台、肋条等部分做成活动的(即活块)(见图2-25)。起模时,先起出主体模样,然后再从侧面取出活块。其造型费时,工人技术水平要求高。主要用于单件、小批生产带有突出部分、难以起模的铸件。

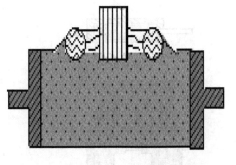 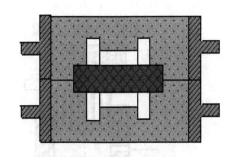

图 2-23 假箱造型　　　　　图 2-24 分模造型

⑩ 刮板造型是用刮板代替实体模样造型（见图 2-26），它可降低模样成本，节约木材，缩短生产周期；但生产率低，工人技术水平要求高。用于有等截面或回转体的大、中型铸件的单件、小批生产，如带轮、铸管和弯头等。

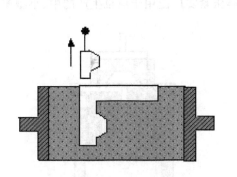 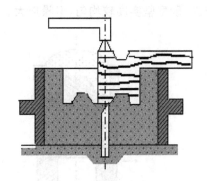

图 2-25 活块造型　　　　　图 2-26 刮板造型

（2）机器造型

机器造型是指用机器全部完成或至少完成紧砂操作的造型工序。机器造型铸件尺寸精确，表面质量好，加工余量小，但需要专用设备，投资较大，适合大批量生产。常用的机器造型方法有：压实紧实、高压紧实、震击紧实、震压紧实、微震紧实、抛砂紧实、射压紧实和射砂紧实。

① 压实紧实方法单纯借助压力紧实砂型，机器结构简单，噪声小，生产率高，消耗动力少，型砂的紧实度沿砂箱高度方向分布不均匀，上下紧实度相差很大。压实紧实方法主要适用于成批生产高度小于 200 mm 薄而小的铸件，如图 2-27 所示。

② 高压紧实主要是用较高压实比压（一般在 0.7～1.5 MPa）压实砂型（见图 2-28）。砂型紧实度高，铸件尺寸精度高，表面粗糙度 Ra 值小，废品率低，生产率高，噪声低，灰尘少，易于机械化、自动化，但机器结构复杂，制造成本高。高压紧实主要适用于需大量生产的中、小型铸件，如汽车、机械车辆和缝纫机等产品较为单一的制造业。

③ 震击紧实主要依靠震击力紧实砂型（见图 2-29）。采用该方法的机器结构简单，制造成本低，但噪声大，生产率低，要求厂房基础好。砂型坚实度沿砂箱高度方向愈往下愈大。震击紧实主要适用于须成批生产的中、小型铸件。

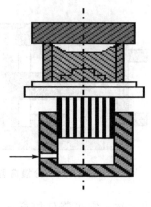 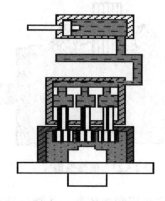

图 2-27　压实紧实　　　　　　图 2-28　高压紧实

④ 震压紧实是经过多次震击后再压实砂型（见图 2-30）。该方法生产率高，能量消耗少，机械磨损少，砂型坚实度较均匀，但噪声大。震压紧实广泛用于成批生产的中、小型铸件。

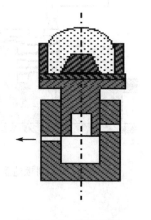 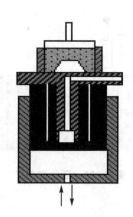

图 2-29　震击紧实　　　　　　图 2-30　震压紧实

⑤ 微震紧实是在加压紧实砂型的同时，砂箱和模板作高频率、小振幅震动（见图 2-31）。此方法生产率较高，紧实度均匀，噪声小，广泛用于成批生产中、小型铸件。

⑥ 抛砂紧实是利用离心力抛出型砂，使型砂在惯性力下完成填砂和紧实（见图 2-32）。该方法生产率高，能量消耗少，噪声低，型砂坚实度均匀，适用性广，主要适用于单件、小批、成批和大量生产中、大型铸件或大型芯。

⑦ 射压紧实是使压缩空气骤然膨胀，将型砂射入砂箱进行填砂和紧实，再进行压实（见图 2-33）。该方法生产率高，紧实度均匀，砂型型腔尺寸精确、表面光滑，工人劳动强度低，易于自动化，但造型机调整维修复杂。主要适用于大批量生产的形状简单的中、小型铸件。

⑧ 射砂紧实是用压缩空气将型（芯）砂高速射入砂箱或芯盒而进行紧实（见图 2-34）。因其将填砂、紧实两个工序同时完成，故生产率高，但用于造型，其紧实度不高，须进行辅助压实。

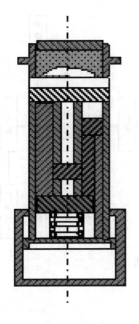
图 2-31 微震紧实

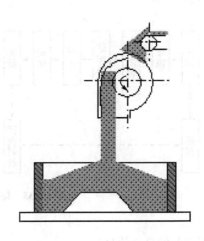
图 2-32 抛砂紧实

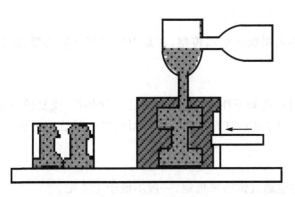
图 2-33 射压紧实

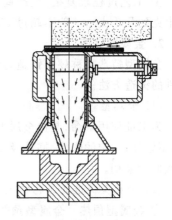
图 2-34 射砂紧实

2.3.2 特种铸造

1. 熔模铸造

熔模铸造是用易熔材料制成模样,然后在模样上涂挂若干层耐火涂料制成型壳,经硬化后再将模样熔化,排出型外,从而获得无分型面的铸型。铸型经高温焙烧后即可进行浇注。

(1) 熔模铸造的工艺过程

熔模铸造的工艺过程包括:蜡模制造、结壳、脱蜡、焙烧和浇注等,其流程如图 2-35 所示。

(2) 熔模铸造的主要特点及适用范围

① 铸件的精度和表面质量较高,尺寸公差等级可达 IT14～IT11,表面粗糙度 Ra 值可达

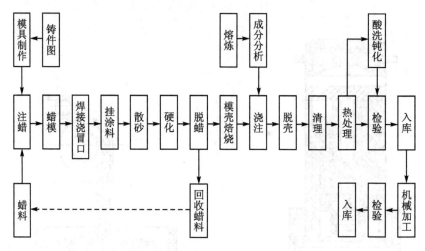

图 2-35 熔模铸造流程图

12.5～1.6 μm。

② 适用于各种合金铸件。

③ 可制造形状较复杂的铸件,铸出孔的最小直径为 0.5 mm,最小壁厚可达 0.3 mm。

④ 工艺过程较复杂,生产周期长,制造费用和消耗的材料费用较高,多用于小型零件(从几十克到几千克),一般不超过 25 kg。

2. 金属型铸造

金属型铸造又称硬模铸造,是将液体金属浇入金属铸型,在重力作用下充填铸型,以获得铸件的铸造方法。

(1) 金属型

为保证使用寿命,制造金属型的材料具备如下性能:高的耐热性和导热性,反复受热不变形、不破坏;一定的强度、韧性及耐磨性;好的切削加工性能。金属型材料一般选用铸铁、碳素钢或低合金钢。

(2) 金属型铸造的工艺特点

① 金属型预热　金属型预热温度主要通过试验来确定,一般不低于 150 ℃。

② 刷涂料　金属型表面应喷刷一层耐火涂料(厚度为 0.3～0.4 mm),以保护型壁表面,免受金属液的直接冲蚀和热击。

③ 浇　注　由于金属型的导热能力强,因此浇注温度应比砂型铸造高 20～30 ℃。铝合金为 680～740 ℃,铸铁为 1 300～1 370 ℃,锡青铜为 1 100～1 150 ℃,对薄壁小件取上限,对厚壁大件取下限。

④ 开型时间　对于金属型铸造,要根据不同的铸件选用合适的开型时间,具体数值须通过试验来确定。

(3) 金属型铸造的特点和应用范围

① 金属型铸件冷却快,组织致密,力学性能高。

② 铸件的精度和表面质量较高。

③ 浇冒口尺寸较小,液体金属耗量减少,一般可节约 15%～30%。

④ 不用砂或少用砂。

金属型铸造的主要缺点是金属型无透气和退让性,铸件冷却速度大,容易产生浇不到、冷隔、裂纹等缺陷。

3. 压力铸造

压力铸造(简称压铸)的实质是在高压作用下,使液态或半液态金属以较高的速度充填金属型型腔,并在压力下成型和凝固而获得铸件的方法。常用压射压力为 5～1 500 MPa,充填速度 5～50 m/s,充填时间很短,为 0.01～0.2 s。压铸过程主要由压铸机来实现。压铸机分热压室式和冷压室式两类。热压室式压铸机工作原理见图 2-36。

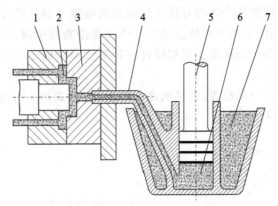

1—动腔;2—型腔;3—定型;4—鹅颈道;5—压射活塞;6—压室;7—熔融金属

图 2-36 热压室式压铸机工作原理

冷压室式压铸特点是压室与熔化合金的坩埚连成一体,压室浸在液体金属中,多用于低熔点合金。冷压室式压铸机分为立式和卧式两种类型,卧式冷压室式压铸机工作原理见图 2-37。

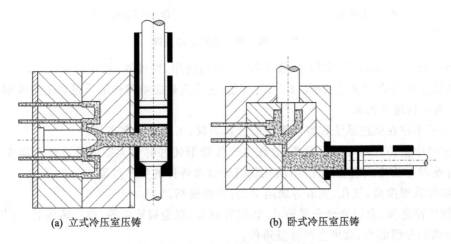

(a) 立式冷压室压铸　　　　(b) 卧式冷压室压铸

图 2-37 冷压室式压铸机工作原理

压铸的特点和应用如下:

(1) 压铸优点

① 铸件的尺寸精度最高,表面粗糙度 Ra 值最小。

② 铸件强度和表面硬度都较高。

③ 生产效率很高,生产过程易于机械化和自动化。

(2) 压铸缺点

① 压铸时,高速液流会包住大量空气,凝固后在铸件表皮下形成许多气孔,故压铸件不宜进行较多余量的切削加工,以免气孔外露。

② 压铸黑色金属时,压铸型寿命很低,困难较大。

③ 设备投资大,生产准备周期长。

4. 离心铸造

离心铸造是将液体金属注入高速旋转的铸型内,使金属液做离心运动充满铸型和形成铸件的技术。离心运动可使液体金属很好地在径向充满铸型并形成铸件的自由表面,不使用型芯就能获得圆柱形的内孔,有助于液体金属中气体和夹杂物的排除,影响金属的结晶过程,从而改善铸件的机械性能和物理性能。根据铸件直径的大小来确定离心铸造的铸型转速,一般在250~1 500 r/min范围内。

根据铸型旋转轴线的空间位置,常见的离心铸造有:立式离心铸造和卧式离心铸造,离心铸造工作原理如图2-38所示。

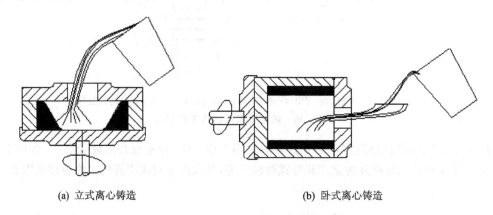

(a) 立式离心铸造　　　　　　(b) 卧式离心铸造

图2-38　离心铸造工作原理

金属过滤、浇注温度、铸型转速、渣下凝固、涂料使用、铸件脱型、浇注系统、浇注定量等是在离心铸造生产中必须确定或解决的工艺问题,它们直接影响铸件的质量和生产效率。

(1) 离心铸造的优点

① 几乎不存在浇注系统和冒口系统的金属消耗,工艺出品率高。

② 生产中空铸件时可不用型芯,故在生产长管形铸件时可大幅度地改善金属充型能力,降低铸件壁厚对长度或直径的比值,简化套筒和管类铸件的生产过程。

③ 铸件致密度高,气孔、夹渣等缺陷少,力学性能高。

④ 便于制造筒、套类复合金属铸件,如钢背铜套、双金属轧辊等;成形铸件时,可借离心运动提高金属的充型能力,故可生产薄壁铸件。

(2) 离心铸造的缺点

① 用于生产异形铸件时有一定的局限性。

② 铸件内孔直径不准确,内孔表面比较粗糙,质量较差,加工余量大。

③ 铸件易产生比重偏析,因此不适用于合金易产生比重偏析的铸件(如铅青铜),尤其不适用于铸造杂质比重大于金属液的合金。

5. 陶瓷型铸造

陶瓷型铸造是在普通砂型铸造基础上发展起来的一种新工艺,是用陶瓷浆料制成铸型生产铸件的铸造方法。造型材料是利用质地较纯、热稳定性较高的耐火材料制作的,即用硅酸乙酯水解液作黏结剂,在催化剂的作用下,经灌浆、结胶、起模、焙烧等工序而制成的。由于使用的耐火材料成分及其外观都与陶瓷相似,故称为陶瓷型铸造,其属于精密铸造的一种。采用陶瓷型铸造方法浇出的铸件,具有较高的尺寸精度和表面光洁度,所以这种方法又叫陶瓷型精密铸造。

陶瓷型的制造方法可分为以下两大类:

① 第一类是全部采用陶瓷浆料制造铸型法,适用于小型陶瓷型铸件,如图 2-39 所示。

② 第二类是采用底套(相当于砂型的背砂层)再灌陶瓷浆料以制陶瓷型的方法,采用带底套的复合铸型,即与液体金属直接接触的面层,灌注陶瓷浆料,而其余部分用砂套或金属套代替,如图 2-40 所示。

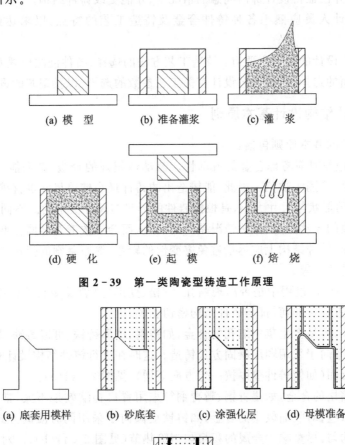

图 2-39 第一类陶瓷型铸造工作原理

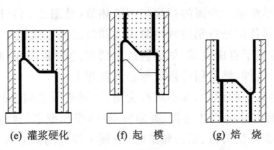

图 2-40 第二类陶瓷型铸造工作原理

2.4 铸件结构工艺性

生产中铸件的结构是否合理,不仅会直接影响铸件的力学性能、尺寸精度、质量要求和其他使用性能,同时,对铸造生产过程也有很大的影响。所谓铸造工艺性良好的铸件结构,应该是铸件的使用性能容易保证,生产工艺过程及其所使用的工艺装备简单和生产成本低。铸造工艺方案设计,是整个铸造工艺及工装设计中最基本而又最重要的部分,正确的铸造工艺方案,可以提高铸件质量,简化铸造工艺,提高劳动生产率。

航空产品零件设计定型后,其结构一般是不能更改的,在铸造工艺上必须采取各种措施,实现设计部门对零件提出的各种要求。只有当铸件质量得不到保证,或在不影响使用性能且可简化生产工艺,并已征得设计部门同意的情况下,才能更改铸件结构。

为此,产品设计人员应熟悉各种铸件合金及铸造工艺的特点,以求达到最佳铸件结构设计。

铸造工艺方案设计的内容主要有:铸造工艺方法的选择,铸件浇注位置及分型面的选择,铸件初加工基准面的选择,铸造工艺设计有关工艺参数的选择,以及型芯的设计等。

2.4.1 铸件结构设计基本原则

铸件结构设计的基本原则包括:

① 设计铸件壁厚时应考虑合金的流动性。流动性越好的合金,充型能力越强,铸造时就不容易产生浇不足、冷隔等缺陷。因此,能铸造出的铸件最小壁厚尺寸也就越小。

② 铸型型腔的形状与尺寸大小,是根据铸件的形状与尺寸决定的。不同的型腔形状与尺寸大小对液态金属的流动阻力、散热情况是不同的,从而会导致液态金属在型腔内的流动与充填情况不同。因此,铸件结构上应尽量避免突变性的转弯、壁厚急剧的变化、细长结构、大的水平面和高度较大的凸台等。

③ 一个铸件在生产过程中是否出现缩孔、缩松、变形、热裂及冷裂等收缩类铸造缺陷,出现在哪个部位,严重程度如何,都与铸件结构密切相关。

对凝固收缩大,容易产生集中缩孔的合金,如铸钢、球墨铸铁、可锻铸铁、黄铜、无锡青铜和铝硅共晶合金等,倾向于采用顺序凝固方式铸造。这时在进行铸件结构设计时,应使铸件结构形式有利于顺序凝固(如使铸件壁厚按一定方向渐增),见图 2-41(a)。

对容易产生缩松的合金,如锡青铜、磷青铜等采用冒口补缩效果不大,常采用同时凝固方式来使缩松更分散些;对收缩较小的合金,如铸铁更倾向于采用同时凝固方式铸造。这时,铸件的结构应壁厚均匀,尽量减少金属的积聚与消除热节(见图 2-41(b))。对于一些结构形状复杂的大铸件,也可将其各部分分别按顺序凝固或同时凝固方式设计。

尽量使铸件结构有利于自由收缩,如尽量减小铸件的轮廓尺寸,减小突出部分,必要时可将一个铸件分成几个小铸件,然后用焊接或螺栓连接起来。

尽量避免产生应力集中的形状,如不应有尖角,不同壁厚之间连接要平缓等。

④ 应考虑各种铸造方法的工艺过程、凝固特点、铸型和型芯的特点,尤其是使用金属铸型和型芯的铸造方法,如金属型铸造、压力铸造时,应便于铸件的抽芯和出型。这时,铸件的结构应尽量避免有内大外小的孔洞和阻碍开型的侧凹(凸),如图 2-42 和图 2-43 所示。

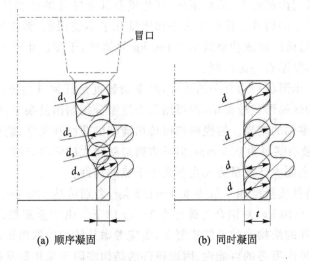

图 2-41 顺序凝固和同时凝固的铸件结构

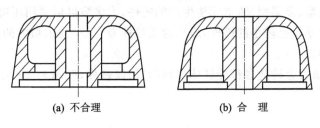

图 2-42 孔洞设计

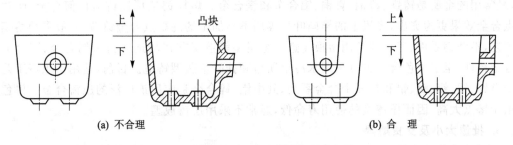

图 2-43 消除侧凹设计

2.4.2 铸造工艺方法的选择

目前铸造方法的种类繁多,按生产方法可分为砂型铸造和特种铸造两大类,而砂型铸造按浇注时砂型是否经过了烘干又分为湿型、干型和表面干型铸造。特种铸造也可分为金属型铸造、压力铸造、离心铸造、壳型铸造和陶瓷型铸造等。各种铸造方法都有其特点和应用范围,究竟应该采用哪一种方法,应根据零件特点、合金种类、批量大小、铸件技术要求的高低及经济性加以综合考虑。

1. 零件结构特点

零件的结构特点主要包括铸件的壁厚大小、形状及质量大小等,应根据不同铸件的结构特点选择合适的铸造工艺方法。

砂型铸造由于采用内部砂型、活块模样、气化模及其他特殊的造型技术等有利条件,可以生产结构形状比较复杂的铸件。铸件的大小和质量几乎不受限制,铸件质量一般从几十克到几百千克,湿型铸造目前已能成功地铸出 3 150 kg 的铸件,干型已生产出 200 t 以上的铸件。砂型铸造对铸件最小壁厚有一定限制。

熔模铸造可以铸出形状极为复杂的铸件,其复杂程度是任何其他方法难以达到的。虽然一个压型所能制出的熔模形状较简单,但可用几个压型分别制出复杂零件的不同部分,然后焊合在一起,组成复杂零件的熔模。熔模铸造可铸出清晰的花纹和文字;能铸出孔的最小直径可达 0.5 mm,铸件的最小壁厚为 0.3 mm,但不宜铸造壁厚大的铸件,较适宜生产的铸件质量为几十克至几千克,但也能生产质量为几克至几十千克的铸件。

金属型铸造的铸件质量范围一般为 0.1～135 kg,个别可达 225 kg。而比较合适的铸件质量对镁合金为 0.5～10 kg,对铝合金铸件为 15 kg 以下。由于金属型的型腔是用机械加工方法制出的,所以铸件的结构形状不能很复杂,更应考虑从铸型中取出铸件的可能性。采用金属型芯时,也要考虑抽出型芯的可能性,因而铸件的结构多限于采用形状简单的型芯。

由于压力铸造中金属液是在高速高压下充填铸型,所以,可以铸出形状复杂而壁薄的铸件。许多由重力(砂型、金属型)铸造无法生产的铸件,大多数可以采用压铸。压铸工艺比较适宜生产小而壁薄、壁厚相差较小的铸件,最小的压铸件为 0.002 kg,最大的铝合金铸件为 15～40 kg,最大壁厚为 12 mm。

离心铸造工艺最适合铸造各种旋转体形状的管、筒铸件,壁厚为 4～125 mm,长度不宜大于内径的 15 倍。

2. 合金种类

各种铸造工艺方法对铸件的合金种类有一定的限制,任何可熔化的金属都能采用砂型铸造,最常用的金属是铸铁、铸钢、青铜、铝合金和镁合金。熔模铸造可以铸造任何合金,而对高熔点合金效果更为突出,飞机上的导向叶片等用不易加工的高熔点合金铸造,一般采用熔模铸造工艺,不锈钢零件、工具等常用熔模铸造。金属型铸造工艺比较适于铸造铝合金、镁合金及铜合金铸件,至于黑色合金也可采用水冷金属型和挂砂金属型铸造。目前,适用于压铸工艺的合金有锌、铝、镁、铜、铅和锡 6 个合金系列,其中铝、锌合金是应用最广泛的压铸合金。黑色金属由于熔点太高,因而压铸型的使用寿命低,通常不采用压铸成型。

3. 批量大小及交货期限

砂型铸造的生产批量不受限制,可用于成批、大量生产,也可用于单件生产。由于砂型铸造的生产准备周期较短,所以特别适于交货期限较短、批量不大的铸件的生产。

熔模铸造的主要生产设备比较简单,对生产批量限制不大,但熔模铸造工艺工序较多,且需制作压型,故生产周期比砂型长。

金属型铸造需设计制造金属模型,一次投资较大,且金属型寿命长,对铝、镁合金铸件可使用上千万次,故适用批量生产,批量少时不能充分发挥金属型的潜力。金属型制造周期长,对交货期短的任务难以满足。

压铸工艺设备投资大,压铸型的制造周期较长,成本高,但生产效率高,故仅适合成批大量生产。

4. 铸件技术要求

铸件的技术要求包括外观质量要求(尺寸精度、表面粗糙度)及内部质量(力学性能、致密度等),不同的铸造工艺方法能达到不同的水平。各种铸造方法能达到的表面粗糙度见表2-7。

表2-7　各种铸造方法所达到的表面粗糙度

铸造方法	压铸	熔模	陶瓷型	低压	金属型	壳型	高压造型	普通砂型
表面粗糙度 $Ra/\mu m$	6.3~0.80	12.5~3.2	1.6~0.80	1.6~0.80	25~3.2	25~3.2	12.5~3.22	~12.5

砂型铸造的铸件在凝固冷却到室温后组织无层状结构、性能无方向性、其强度、韧性和刚度在各个方向都相等,这一点对某些要求各方向性能均衡的铸件是重要的。在砂型铸造中铸件凝固收缩受到的阻力较小,铸件内应力小,内部质量易于得到保证。砂型铸造铸件的尺寸精度较差,表面粗糙度较大。

熔模铸造没有分型面,由压型制出的熔模的披缝也被消除,而且也没有砂型铸造中的起模合箱等操作,所以铸件尺寸精度较高,可达CT5级,表面粗糙度小。熔模铸造的涡轮叶片的精度和表面粗糙度已达到无需机械加工的要求。

金属型铸造的铸件尺寸精度好,表面粗糙度优于砂型铸件。由于金属型传热迅速,所以铸件的晶粒较细。同时,凝固过程易于控制,使铸件形成顺序凝固,减少铸件产生的缩孔和缩松。所有这些都使金属型铸件的强度得到提高,一般比砂型铸件高20%以上。

压铸的显著优点是能生产精密铸件,压铸件的尺寸精度和表面粗糙度均优于金属型铸件,尺寸精度可达4级,表面粗糙度可达$Ra0.80~\mu m$,大多数压铸件无需机械加工就可直接使用。压铸件晶粒细小、强度较高。压铸件主要缺陷之一是气孔。压铸件有气孔存在,不但降低了压铸件的力学性能(特别是延伸率)和气密性,同时也不能对其进行焊接和热处理。因此,需经热处理强化的合金,就不能采用压铸方法。

5. 经济分析

铸造工艺方法对铸件成本的影响是不言而喻的,而对哪一类铸件采用什么工艺最有效、最经济是个很复杂的问题,需对各种工艺方法进行比较、分析才能得出。当铸件批量小时,砂型铸造费用最低。砂型铸造一般是所有铸造方法中费用最低的一种,其成本几乎只有熔模铸造的1/10,尤其是在单件或少量生产时。在单件大型铸件的生产时,从成本考虑,砂型铸造是唯一的方法;而当铸件批量大时,压力铸造的综合费用较低。

在选择铸造工艺方法时,应从以上几个方面综合考虑,根据铸件的具体情况进行分析,最后选择一种合适的工艺方法。表2-8所列为各种铸造工艺技术经济指标对比。

表2-8　各种铸造工艺技术经济指标对比

鉴定技术或经济指标	铸造方法					
	砂型	熔模	陶瓷型	壳型	金属型	压铸
尺寸无限制	1	4	2	3	2	5
影响结构	2	1	3	3	4	5
适用各种合金	1	1	1	2	4	5
装备的价值	1	2	1	3	4	5

续表 2-8

鉴定技术或经济指标	铸造方法					
	砂型	熔模	陶瓷型	壳型	金属型	压铸
持续时间的掌握	1	3	4	4	2	5
最小的经济批量	1	2	1	3	4	5
随着批量扩大继续增加经济性	4	5	5	3	2	1
出产率(速度)	4	5	5	3	2	1
铸件表面粗糙度	5	2	2	3	3	1
薄壁的铸件	4	1	2	3	5	1
适宜的产量	4	2	4	3	3	1
公差值	5	2	2	3	3	1
机械化和自动化的难易	5	4	5	4	1	1

注：表中的数字表示评价的指标，从 5 到 1，数字越大表示越不利。

2.4.3 铸造工艺性

铸造工艺图是表示铸型分型面、浇冒口系统、浇注位置、型芯结构尺寸和控制凝固措施(冷铁、保温衬板)等的图样。图中应表示出：铸件的浇注位置，分型面，型芯的数量、形状、尺寸及固定方法，加工余量，起模斜度，浇口，冒口，冷铁的尺寸和位置。

1. 铸件浇注位置的选择原则

铸件浇注位置的选择，取决于合金种类、铸件结构和轮廓尺寸、铸件表面质量要求及现有的生产条件。选择铸件浇注位置时，主要以保证铸件质量为前提，同时尽量做到简化造型工艺和浇注工艺。选择铸件浇注位置的主要原则有：

(1) 铸件上的重要工作面和大平面应尽量朝下或垂直安放

铸件在浇注时，朝下或垂直安放部位的质量一般都比朝上安放的高，因为铸件下部组织致密、夹渣、砂眼和气孔等缺陷少。根据某铝合金铸件的实验结果，下部的拉伸强度极限为 180 MPa，而上部的抗拉强度极限只有 80 MPa。

如图 2-44 所示的飞机壁板类铸件，其弧形表面要求平整光洁，没有表面缺陷；对带筋的一面要求相应较低，所以该铸件的浇注位置应将弧形表面朝下安放，各种机床床身的导轨部位不允许有任何缺陷，所以床身的浇注位置，一般情况下都是将导轨朝下。

具有大平面的铸件，应将铸件的大平面朝下，见图 2-45。

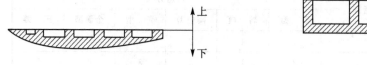

图 2-44 壁板铸件的浇注位置　　　　图 2-45 平板浇注时的位置

根据铸件处于浇注位置的上、下部位质量不均匀性的特点，在选择质量要求较高、结构形状对称的铸件的浇注位置时，应尽量保证铸件对称部分的质量也对称，将铸件对称壁置于垂直(见图 2-46)。这种垂直的浇注位置对保证铸件尺寸精度和采用底注式浇注系统等也都是有利的。

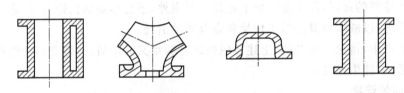

图 2-46　使铸件性能对称的浇注位置示意图

(2) 应保证铸件有良好的液态金属导入位置，保证铸件能充满

决定浇注位置时，应根据铝、镁合金铸件经常采用底注式或垂直缝隙式浇注系统、内浇道均匀地设置在铸件的四周和要求液体金属平稳地流入型腔等特点，选择合理的浇注位置。

图 2-47 所示为壳体铸件浇注位置的两种方案。图 2-47(a) 所示的浇注位置不合理，因为合金液在型腔中的下落高度大，容易引起冲击、飞溅现象，造成冲毁砂型或产生二次氧化夹渣，同时该浇注位置还有型砂安放不便和稳定性差的缺点。如采用图 2-47(b) 所示的浇注位置，就可消除上述缺点。当对铸件尺寸较大且精度要求高时，为了便于安放砂芯，准确检验和控制型腔尺寸及避免由于错箱引起铸件超差现象，可采用三箱造型方法。

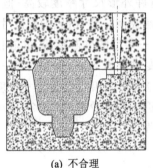
(a) 不合理

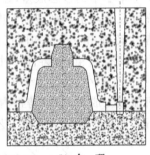
(b) 合　理

图 2-47　壳体铸件浇注位置的两种方案

对具有薄壁部分的铸件，应将薄壁部分放在下半部或置于内浇道以下，以免产生浇不到、冷隔的缺陷。同时要尽量使薄壁部分处于垂直位置或倾斜位置，见图 2-48。

(3) 保证铸件能自上而下地顺序凝固

为满足这条原则，应尽量将铸件的厚大部分朝上安放以便在其上面安放冒口，促使铸件自下而上地向冒口方向顺序凝固，这一原则对收缩较大的铝、镁合金尤为重要。

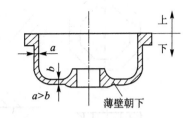

图 2-48　箱盖浇注时的位置

但是，在航空产品的铸件生产中，铸件的结构都比较复杂，并且铸件上局部加厚的凸台，安装边较多，有时很难将铸件所有厚大部分安放在上部位置。在此情况下，为了使铸件整体的顺序凝固原则不变，可对中、下位置的局部厚大处采用冷铁或侧冒口等工艺措施解决其补缩问题。

(4) 应尽量少用或不用砂芯

应尽量少用或不用砂芯。若需要使用砂芯时，最好使型芯位于下型以便下芯和检查，应保证其安放稳固、通气顺畅。

铸件浇注位置的选择，除了要考虑上述几个原则外，还应尽量简化造型、造芯、合箱和浇冒口的切割等工艺，以减少模具制造工作量和合金液的消耗。

在实际生产中，情况是复杂的，上述各原则既有联系又有矛盾，一定要结合生产实际情况，抓住主要矛盾，不能生搬硬套。

2. 分型面的选择

在砂型铸件中，为完成造型、取模、设置浇冒口和安装砂芯等需要，砂型型腔必须由两个或两个以上的部分组合而成。砂型的分割或装配面称为分型面。

分型面一般在确定铸件浇注位置后确定，但分析各种分型面优劣后，可能需要重新调整浇注位置。生产中，浇注位置和分型面有时是同时确定的。

铸型分型面，主要取决于铸件的结构。分型面的优劣，在很大程度上影响铸件的尺寸精度、生产成本和生产率，应仔细地分析、对比后选择一个比较合理的方案。

图 2-49 所示为环形架铸件的几种方案。其中，方案一(见图 2-49(a))，铸件的外形和内腔由上、下两半型和置于其中的砂芯成型。此方案不易保证铸件尺寸精度，同时铸型装配困难，在铸件表面形成披缝，增加了清理的工作量。方案二(见图 2-49(b))，铸件外形由上半型成型，其内腔由置于下半型中的砂芯成型，显然铸件外形尺寸精度较高；但由于砂芯位置尺寸不易检查，尤其是高度尺寸与上半型型腔深度不易控制一致，所以内腔尺寸精度较差。方案三(见图 2-49(c))，整个铸件由下半型和固定在同一半型的砂芯形成，砂芯位置稳定，装配和检查方便。上、下半型即使有错箱，对铸件尺寸精度也没有影响，所以方案三比前两种方案好。如果铸件上四个通孔尺寸较小(孔径小于 15 mm)或孔的相对位置尺寸精度要求较高时，这些孔可以不铸出，由机械加工成形，此时铸件内腔可以不用砂芯(见图 2-49(d))。这一方案不仅铸件尺寸精度最高，而且也简化了铸造工艺过程。

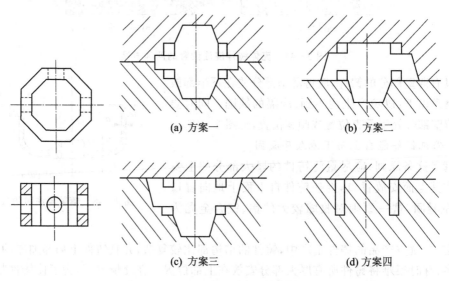

图 2-49 环形架铸件铸型分型面的选择

图 2-50 所示的轮毂铸件，由于其最大横断面在中间部位，铸件不能在同一半型中成型。在此情况下，考虑到铸件机械加工工艺，中间法兰盘(ϕ278)的外圆表面是铸件机械加工初基准

(首次加工下圆柱体 $\phi161$ 时的定位基准),而下圆柱体又是铸件的加工基准(或称精基准)。为了保证铸件尺寸精度和满足机械加工要求,铸型分型面应选择在 $A—A$ 面,使法兰盘和下圆柱体在同一半型中成型。如果在 $B—B$ 面分型,则上述两部分的同心度就不易保证,或因某些加工尺寸达不到图纸要求而使铸件报废。

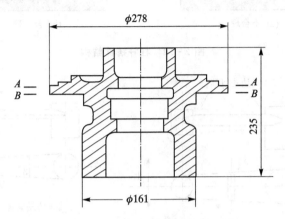

图 2-50 轮毂铸件分型面的选择

从上例分析可以看出,在选择分型面时,应遵循以下原则:

① 分型面应尽量采用平面分型,避免曲面分型,并应尽量选在最大截面上,以简化模具制造和造型工艺,见图 2-51。

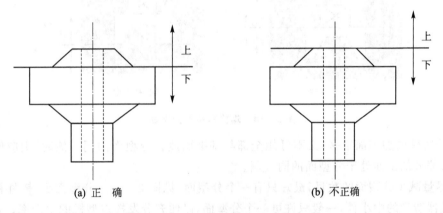

(a) 正确　　　　　　　　(b) 不正确

图 2-51 分型面应选在最大截面处

平直分型面可简化造型过程和模板制造,同时,铸件的毛边少,便于清理,易于保证铸件精度。如图 2-52(a)所示的杠杆零件,在造型时只能采用不平分型面,若改成图 2-52(b)所示的形状,铸型的分型面则为一简单的平面。

如铸件形状确实需要采用不平分型面时,应尽量选择规则的曲面,如圆柱面或折面。

② 尽量将铸件全部或大部放在同一砂箱以防止错型、飞翅和毛刺等缺陷,保证铸件尺寸的精确,见图 2-53。

③ 最好将整个铸件安置在同一半型中成型。若铸件不能在同一半型内成型时,应力求将铸件上机械加工面或若干重要的加工面与机械加工初基准面安置在同一半型内成型,见图 2-54。

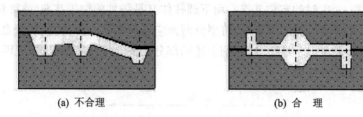

图 2-52 杠杆铸件结构

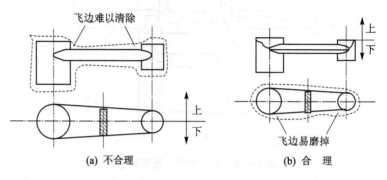

图 2-53 分型面的位置应能减少错型、飞翅

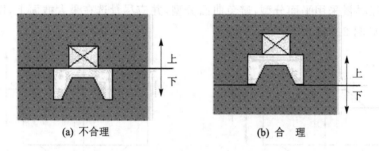

图 2-54 螺栓塞头的分型面

④ 若铸件的加工面很多,又不可能全部与基准面放在分型面的同一侧时,则应使加工基准面与大部分加工面处于分型面的同一侧。

⑤ 尽量减少分型面的数目,最好只有一个分型面,见图 2-55。分型面少,铸件精度容易保证。机器造型的中小件,一般只允许可一个分型面,以便充分发挥造型机的生产率。凡不能出砂的部位均采用砂芯,而不允许用活块或多分型面。

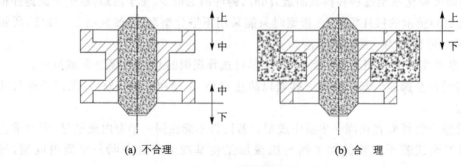

图 2-55 分型面数目的确定

但是在轻合金铸造中，常采用底注式浇注系统，一般难以实现将砂芯安置在同一半型中形成整个铸件。如图 2-49 中(c)和(d)两种方案均无法采用底注式浇注系统，除非增加砂芯或在原砂芯中开设浇注系统，而这又将使砂芯的通气和型盒结构复杂化。为了保证环形架铸件的内部质量和尺寸精度要求，既要采用底注式浇注系统，又要使整个铸件由一个半型和固定在同一半型的砂芯成型，同时又要避免增加砂芯或在砂芯中开设浇注系统，在此情况下，需要增加一个分型面，采用(上、中、下)三箱的铸型结构(见图 2-56)，把砂芯安置在底箱，整个铸件在中箱成型，横浇道和内浇道开设在中箱的下分型面处，此种方案造型工艺复杂，但是铸件质量有保证。这种三箱铸型结构，在航空发动机机匣、壳体和框架类等铸件生产中应用较多。

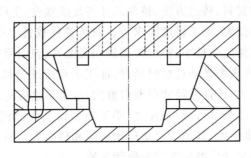

图 2-56　环形架铸件的三箱铸型结构简图

⑥ 铸件的非加工表面上，尽量避免有披缝，见图 2-57。

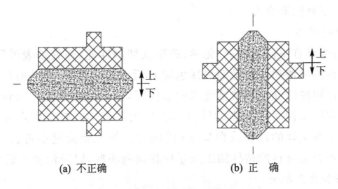

(a) 不正确　　　　　　(b) 正　确

图 2-57　分型面的位置应能避免披缝

⑦ 分型面的选择应尽量与铸型浇注时位置一致。

⑧ 应尽量不用或少用砂芯，在必须采用砂芯时，除了要保证砂芯位置稳定、装配和检查方便外，还应力求将砂芯安置在同一个半型内，以保证铸件的某些重要尺寸精度。

在航空铸件砂型铸造中，分型面一般都应该选择在铸件浇注时的水平位置，即避免采用垂直分型面。因为水平造型、下芯和合箱后，再翻动铸型进行浇注，就可能引起砂芯位置移动，影响铸件尺寸精度。航空砂型铸件，结构复杂，砂芯数量较多，并且在铸型或砂芯表面常有不少冷铁，所以铸型在装配后一般都不允许再次翻动。

金属型铸造生产中，选择分型面主要考虑应保证金属型能顺利开型和取出铸件，一般采用垂直或互相垂直的分型面，这样有利于采用良好形式的浇注系统和安设冒口，有利于排除型腔中的气体。金属型操作也方便，易于机械化。

减轻铸件清理和机械加工量。铸型分型面最好避免选在铸件非加工表面和机加工初基准面上。因为,前者会增加铸件清理的劳动量并有损铸件表面美观,而后者将会影响铸件划线和加工的尺寸精度。

2.5 铸造工艺参数的选择

1. 铸件机械加工余量

铸件机械加工余量指为保证铸件加工面尺寸和零件精度,在铸件工艺设计时预先增加要在机械加工时切去的金属层厚度。零件上需要加工的表面,应有适当的加工余量。铸件加工余量的大小取决于铸件的材料、铸造方法、铸件尺寸与复杂程度、生产批量、加工面与基准面的距离及加工面在铸型中的位置、加工精度要求等。灰铸铁件较铸钢件线收缩率小、熔点低,铸件表面较光洁、平整,故其加工余量小,铸钢件因浇注温度高、表面粗糙、变形大,其加工余量应比铸铁件大;非铁合金铸件表面光洁且材料昂贵,加工余量应比铸铁件小;铸件的尺寸愈大或加工面与基准面的距离愈大,铸件的尺寸误差也愈大,故余量也应随之加大;大量生产时,因采用机器造型,铸件精度高,故余量可减小;反之,手工造型误差大,余量应加大;此外,浇注时朝上的表面,因产生缺陷的概率大,其加工余量应比底面和侧面大。加工余量的具体数值应根据加工余量国家标准和铸件尺寸公差标准配套使用选取。

加工余量过大,将浪费金属和机械加工工时,增加零件成本;过小,则不能完全除去铸件表面的缺陷,甚至露出铸件表皮,达不到设计要求,因此选择合适的加工余量有着很重要的意义。加工余量的选择与下列因素有关:

(1) 铸造合金的种类

不同的铸造合金具有不同的物理、化学、铸造及切削性能,铸件的表面质量和生产成本也不相同。所以,铸件的机械加工余量的选择也应有所不同。例如,铸件表层组织致密、力学性能好,在能满足表面粗糙度和尺寸精度要求的前提下,应尽量减少加工余量,这对于壁厚效应较大的镁、铝铸件和气密性要求较高的铸件具有更大的意义。对于熔点高的合金(钢、铁)铸件,由于其表面黏结有坚硬的砂粒或白口层(铸铁件),加工余量过小将会大大缩短刀具的寿命。同时,对于贵重合金材料的铸件加工余量应相应缩小些,以降低生产成本。

(2) 铸造方法和生产批量

铸造方法不同,得到的铸件的表面粗糙度和尺寸精度也不同,所以铸件的加工余量也应不同。HB 6103—86规定了各种铸造方法生产的铸件的公差等级和加工余量的选择方法。同样是轻合金铸件,压力铸造的尺寸精度最高(为CT3~CT6),其加工余量也最小。熔模铸造尺寸精度为CT4~CT6,金属型铸造为CT6~CT8,尺寸精度逐渐降低,加工余量也逐渐增大,与其他铸造方法相比普通砂型铸造的尺寸精度最低,所以其加工余量要比其他铸造方法大。铸件在成批生产时,一般采用金属模具、机械造型,并有专用检验测量工具,铸件尺寸精度和表面粗糙度较高;而单件生产时,采用木模的手工造型,铸件尺寸精度和表面粗糙度较差。因此,前者的加工余量要比后者的小。

(3) 铸件尺寸大小和加工精度要求

铸件尺寸越大,形状越复杂和加工精度要求越高,则铸件的机械加工余量就越大。

(4) 铸件加工面在浇注时的位置

由于在浇注时朝下或垂直位置的铸件表面质量较高,所以这些表面的加工余量比朝上安放的表面小。

铸件的机械加工余量,一般按 GB/T 11350—89 或 HB 6103—86 规定的方法和表格选用。有时为了消除铸造缺陷或满足其他工艺要求,而增加的工艺余量以及切割浇冒口后的残留量,均不属于加工余量的范围,这些应在铸件图上标注清楚。

2. 铸件工艺余量

铸件工艺余量,是为满足工艺上的某些要求而附加的余量。工艺余量一般都在机械加工时被切除,所以应在铸件图上标注清楚。在个别情况下,如果已取得设计和使用单位的同意,工艺余量也可不经加工而保留在铸件上,因为这已属于更改铸件结构的问题,所以在铸件图上不必再作任何标注。

铸件工艺余量的大小应根据工艺要求的实际情况而定。工艺余量主要用于以下情况:

① 为保证铸件顺序凝固,有利于冒口补缩,因而在铸件上附加工艺余量(即补贴),如图2-58所示。一般情况下,工艺补贴余量应尽量附加在加工表面上,若在非加工表面上,就需要另行安排机械加工。

② 为保证铸件机械加工精度和简化铸造工艺、模具结构,对一些需要进行加工、尺寸精度要求较高的小孔、凸缘、台阶以及难以铸造的狭窄沟槽等均以工艺余量的形式,由机械加工直接成型。图2-59所示为铸件凸缘由加工成型的例子。

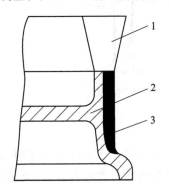
1—冒口;2—工艺余量;3—铸件
图2-58 铸件工艺余量应用实例之一

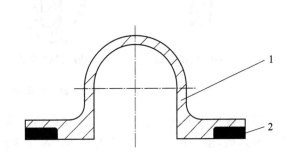
1—铸件;2—工艺余量
图2-59 铸件工艺余量应用实例之二

铸件工艺余量除上述两种主要形式外,有的还将机械加工所需的工艺凸台(辅助基准),为防止铸件变形或热裂而增设的工艺筋,为改善合金液充填条件而在铸件薄壁处增大厚度,以及为防止铸件由于变形造成加工余量不足或达不到加工精度要求而增大的加工余量等,都当作铸造工艺余量处理,并在铸件图上标注。

3. 铸造斜度(起模斜度)

为使模样容易从铸型中取出或型芯自芯盒中脱出,平行于起模方向在模样或芯盒壁上的斜度称为铸造斜度,也称起模斜度。凡垂直于分型面(分盒面)的没有结构斜度的壁均应设起模斜度,如图2-60所示。铸造斜度的大小,应根据模壁测量面高度、模样材料及造型方法确定。

铸造斜度一般如图2-61所示,包括增加壁厚法(见图2-61(a))、加减壁厚法(见图2-61(b))和减少壁厚法(见图2-61(c))三种形式。铸造斜度一般用角度"α"表示,金属模

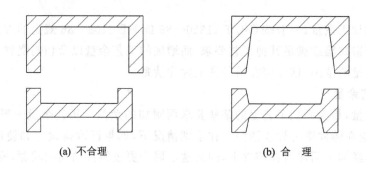

(a) 不合理　　　　　　　　(b) 合 理

图 2-60　铸件结构斜度

具的 α 角可取 $0.5°\sim1°$，木模可取 $1°\sim3°$；在用手工加工木质模具时，铸造斜度最好用宽度"a"表示，便于加工。在上、下两半模型高度不同时，或两个高度不同的零件相配合时，为了避免分型面（或零件配合面）处不平齐，最好在上、下模型上都用同一宽度"a"作为铸造斜度。

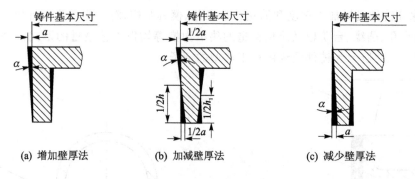

(a) 增加壁厚法　　　(b) 加减壁厚法　　　(c) 减少壁厚法

图 2-61　铸造斜度的形式

铸造斜度应小于或等于产品图上所规定的拔模斜度值，以防止零件在装配或工作时与其他零件相妨碍，按 HB 6103—86 规定：当产品图未作特殊规定时铸造斜度可按表 2-9 选取，未注明者均按增加壁厚法。

表 2-9　铸造斜度（不大于）

拔模高度基本尺寸/mm		公差等级 CT			
大于	至	3～5	6～8	9～12	13～15
—	16	2°50′	4°	5°	5°30′
16	25	2°	3°	4°	4°30′
25	40	1°30′	2°30′	3°	3°30′
40	63	1°15′	2°	2°30′	3°
63	100	0°45′	1°45′	2°	2°30′
100	—	—	1°15′	1°30′	2°

4. 最小铸出孔及槽

零件上的孔、槽、台阶等应从铸件质量及经济方面考虑。较大的孔、槽等应铸出来，以便节约金属和机械加工工时，同时还避免铸件局部过厚所造成的热节，提高铸件的质量；较小的孔、槽，则不宜铸出，直接加工反而方便；若有特殊要求，且无法实行机加工的孔，如弯曲孔，则一定要铸出。

5. 铸件线收缩率

铸件在凝固和冷却过程中会发生线收缩而造成各部分尺寸缩小。为了使铸件的实际尺寸符合图纸要求，在制造模具时，必须将模样尺寸放大到一定的数值，这个放大的数值往往称为铸件收缩余量。铸件收缩余量，由铸件图所示的尺寸乘上铸造线收缩率求出。铸造线收缩率简称铸造收缩率，其表达式为

$$K = (L_{模} - L_{件})/(L_{件}) \times 100\%$$

式中：K——铸造线收缩率，%；

$L_{模}$——校样（或芯盒）工作面尺寸；

$L_{件}$——铸件图所示尺寸。

正确选取铸造收缩率，对于提高铸件尺寸精度有重要意义。影响铸造收缩率的因素有：铸造合金种类、铸件结构、铸型种类、型芯材料的退让性以及浇冒口系统的布置和结构形式等。不同的铸造合金，其线收缩率不相同（见表2-10）。合金成分虽然相同，但由于铸件结构形状、铸型和型芯的结构及其退让性等条件不同，使铸件收缩受阻情况也不同，所以也影响到铸件的线收缩。因此，不同铸件或同一个铸件的不同方向应选取不同的铸造收缩率。例如，发动机的镁合金机匣类铸件，有的工厂统一选取1%的收缩率，有的在水平方向选取0.8%、垂直方向选取1%的收缩率。选定的收缩率应在铸件图的附注栏中统一说明，以供模具设计与制造时使用。

对于成批大量生产，以及结构复杂、尺寸精度要求高的铸件，往往需要经过多次试制，通过划线反复测量铸件各部分的尺寸，以检查铸件的实际收缩率，在寻找到一定的规律后，再修改模样和芯盒尺寸，随后才正式投入生产。

表2-10 铸造合金的线收缩率

铸造合金	线收缩率/%	铸造合金	线收缩率/%
灰口铸铁	0.5~1.2	铝硅合金	0.8~1.2
碳钢（C含量0.44%~0.75%）	2~2.5	铝镁合金	1~1.3
锡青铜	1~1.5	铝铜合金	1~1.25
铝青铜	1.2~1.8	镁铜合金	1.1~1.3
黄铜	1~1.5	镁锌合金	1.1~1.3
锌合金	1~1.5	—	—

6. 铸件工艺补正量

在单件、小批量生产中，由于选用的收缩率与铸件的实际收缩率不符等原因，使得加工后的铸件某些部分的厚度小于图纸要求。为了防止零件因局部尺寸超差而报废，需要把铸件上这种局部尺寸加以放大，铸件被放大的这部分尺寸，称为铸件工艺补正量（曾称为铸件保证余量和保险余量等）。它与工艺余量最显著的区别在于铸件上被放大的部分不必加工掉，而保留在铸件上。因此，铸件工艺补正量一般都会使铸件局部尺寸超出公差范围（有时由于铸件工艺补正量较小，也可能刚好控制在公差范围内），所以在铸件上加放工艺补正量，应征得设计和使用单位同意。如果有些部位不允许有超差现象，则应由机械加工去除。铸件工艺补正量通常

应用于下列情况：

① 铸件上加工表面到非加工表面之间的壁厚不易保证时，需要加放工艺补正量。如图 2-62 所示的两个带有法兰的铸件，经常在加工后发现法兰厚度小于图纸的要求，为了保证法兰强度，在法兰的非加工表面上附加工艺补正量(e)。

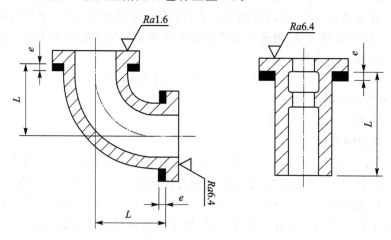

图 2-62 铸件工艺补正量实例之一

② 在铸件上需要钻孔的凸耳、耳座，由于铸造工艺造成的位置尺寸偏差或加工引起的偏差，常使孔的边距尺寸小于图纸的要求，为保证凸耳和耳座的强度，控制其边距尺寸不小于负偏差，在非加工表面加放工艺补正量，如图 2-63 所示，即表示边距尺寸加厚 2 mm（即为 $R10$）的工艺补正量；有的也用圆弧半径 R 的正偏差表示（即 $R\delta^{+\delta}$），但是这种表示方法容易与铸件上有特殊公差要求的表示形式相混淆。

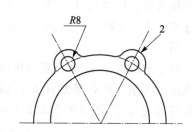

图 2-63 铸件工艺补正量实例之二

铸件工艺补正量虽然是避免铸件因局部超差而报废的一种措施，但它又是使产品零件超出质量规定的主要原因之一。有时，为了排除质量超差所消耗的加工工时甚至超过铸件的加工工时总额。因此，在航空铸件生产中，应严格控制使用工艺补正量。对于成批、大量生产的铸件，不应使用工艺补正量，而应修改模具尺寸，工艺补正量的具体数据可参考有关图表选取。各种大型铸件的工艺补正量的经验数据都是在一定条件下取得的，使用时应仔细分析。

7. 分型负数

分型负数指为抵消铸件在分型部位的增厚，在模样上相应减去的尺寸。砂型的分型面一般不可能很平整，因此干型或表面烘干型合型后，上下型不能密合，金属液就有可能从分型面处溢出，即"跑火"。为了防止跑火，就要在下型的分型面上铺设泥条、油泥条或石棉绳等，使上、下型接触面密封，这样就使上箱抬高，增加了铸件的高度或铸件顶面的厚度。制作模样时，为了使模样符合零件图上尺寸的要求，在模样上相应减去这个抬高的尺寸，即为分型负数。

8. 芯头

芯头指模样上的突出部分，在型内形成芯座并放置芯头；或指型芯的外伸部分，不形成铸件轮廓,只是落入芯座内,用以定位和支承型芯。

9. 铸件尺寸公差

我国铸件尺寸公差标准等级采用 ISO 8062—1984(E)《铸件尺寸公差制》。该标准适用于砂型铸造、金属型铸造、低压铸造、压力铸造和熔模铸造等铸造方法生产的各种铸造金属及合金的铸件,是设计和检验铸件尺寸公差的通用数据。所规定的公差是指正常生产情况下通常所能达到的公差,分 16 级,命名为 CT1～CT16(CT 是铸件公差的英文 Casting Tolerance 的缩写)。铸件公差总表详见国家标准 GB 6414—86(或见 HB 6103—86)。

2.6 铸件机械加工粗基准的选择

铸件在机械加工时,作为首次装夹、定位用的基准面称为机加工粗基准面(又称粗基准)。如果铸件机加工粗基准选择不当或粗基准本身尺寸精度低、表面不平整,将使铸件装夹、定位困难,加工精度难以保证;尤其在成批、大量生产中,铸件依靠粗基准定位、装夹在专用夹具上进行首次加工。如果粗基准选择不当,将使铸件大量报废。

对铸件机械加工粗基准面,既要考虑加工时铸件装夹、定位稳固、准确等加工工艺要求,又要考虑到铸造工艺能否保证粗基准的尺寸精度和与其他尺寸相对位置的精确性和稳定性等问题。铸件机加工粗基准,一般应根据零件图,由铸造和机械加工工艺技术部门共同协商确定,粗基准确定后,就成为铸造工艺和机加工工艺设计的共同依据,不得随意更改。

铸件机加工粗基准面的数量,必须满足对该铸件六个自由度具有约束作用的要求。通常在铸件上下、前后和左右两个方向各选一个,圆形铸件只要两个粗基准即可。选择粗基准时应注意下列问题:

1. 应尽量选择铸件非加工面为粗基准

铸件上往往有些表面需要加工,有些表面不加工。铸件加工表面在加工过程中,其尺寸将受加工公差的影响而变动。若以加工面为粗基准面,则铸件上某些非加工表面到加工表面之间的尺寸精度就不易保证,并且在加工过程中也不易测定铸件的机械加工余量。如图 2-64 所示的铸件,A 和 B 为两个加工表面,C 为非加工表面。两加工表面之间的最终尺寸按图纸要求由机械加工保证;加工表面 A 在加工后到非加工表面 C 的高度尺寸 b 的精度则与粗基准的选择有关。如果选 B 面为粗基准(其加工工序如图中 2-64(a)所示),b 的尺寸精度不易保证,并且在加工时的切削量要换算,检查也不方便;如果选非加工表面 C 为粗基准面(其加工工序如图 2-64(b)所示),则 b 的尺寸精度将得到保证。倘若 C 面由于其他原因(如表面不平整、有凸台等)不能作为粗基准时,应选择表面 A 为粗基准较好。

2. 应选择加工余量最小或尺寸公差最小的表面为粗基准面

如果铸件内外表面均需加工,则应选择加工余量最小或尺寸公差最小的表面为粗基准,可保证该加工表面与其他加工表面之间的尺寸精度。如图 2-65 所示的铸件,外圆表面 A 的加工余量 δ_i 小于外圆表面 B 的加工余量 δ_e。如果以 A 表面为粗基准面,当 A 与 B 两表面的偏心量 $e<\delta_e/2$ 时,则 B 表面仍有一定的加工余量,能保证零件尺寸精度;如果选 B 表面为加工粗基准面,当偏心量仍为 $e<\delta_e/2$ 时,则由于 A 面加工余量小,会造成加工困难甚至无法加工,而使零件报废。

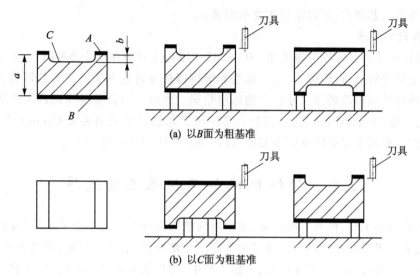

图 2-64　选择铸件机械加工粗基准的示意图

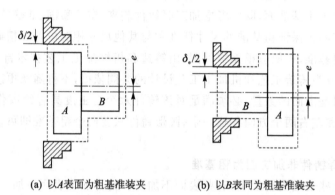

图 2-65　在铸件加工表面选择粗基准面的例子

3. 应选择铸件尺寸最稳定的表面为加工粗基准面

粗基准面最好是由砂型成型的表面；如果是由砂芯成型的表面，则应保证砂芯的定位稳定可靠。在砂芯数量较多时，粗基准应选择由基础砂芯（即组装其他砂芯的那个砂芯）成型的表面，有时还需要在上部组装的其他砂芯的成型表面上，选择一个辅助基准，供划线或加工定位时作校正用。

为了保证粗基准面与加工面或主要加工面相对位置稳定，粗基准面应尽可能选择与加工面（或主要加工面）在同一半型或同一砂芯成型的表面。

活块形成的面尺寸不稳定，一般不应选为粗基准面。铸件设置内浇口和冒口的面，最好不作为粗基准面，因为浇口残余和冒口残余会使装夹、定位的精度受到很大的影响。

4. 辅助基准

当铸件上没有合适的粗基准时，可增设工艺凸台作为辅助基准（又称工艺基准）如图 2-66 所示。

铸件尺寸检查和机械加工（单件、小批生产时）划线时所需的测量基准称为划线基准。铸件的划线基准应尽量与机械加工粗基准一致，否则容易造成铸件各部分相对位置尺寸和加工余量的不稳定,使铸件因尺寸超差而大量报废。

铸件划线时,不仅要求定位准确,还要有合适的测量基准,才能正确地划出铸件各个方向的尺寸及其加工余量。这种测量基准(即划线基准),一般都与零件的设计基准相一致,而机械加工粗基准有时为了考虑装夹、定位方便,往往可与零件的设计基准不一致。

选择铸件划线基准,不仅要考虑对铸件六个自由度具有约束作用,还要在铸件对称部位选择两个面,以便正确地划出对称面的中心线;对于圆形结构,有时还要增加角间基准,才能正确地划出中心线。

选择铸件划线基准也与选择机加工粗基准一样,要考虑铸造工艺因素对其准确性和稳定性的影响。

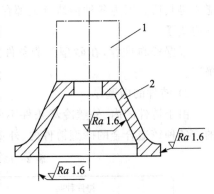

1—辅助基准;2—铸件

图 2-66 铸件的辅助基准

2.7 铸件结构要求

下面从保证铸件质量、简化铸造工艺和铸造合金特点等几方面阐述对铸件结构的具体要求。

1. 铸件壁厚

在确定铸件壁厚时,一般应综合考虑以下三个方面:保证铸件达到所需的强度和刚度;尽可能节约金属;铸造时没有多大困难。

(1) 砂型铸件壁厚

1) 铸件最小壁厚

在各种铸造条件下,铸造合金能充满型腔的最小厚度称为铸件的最小壁厚。最小壁厚的数值除与铸造合金的种类有关外,还与铸造方法、铸件形状和尺寸大小等因素有关。各种铸造合金的砂型铸件的最小壁厚见表 2-11。

表 2-11 砂型铸件的最小壁厚

合金种类	最小壁厚/mm		
	小件	中件	大件
铸钢	4～5	10～12	15～20
灰铸铁	3～5	8～10	12～15
孕育铸铁	2.5～4	6～8	10～12
青铜	2～3	5～7	10～12
铝合金	2～3	4～6	8～10
镁合金	3～4	4～6	8～10

2) 铸件的临界厚度

在铸造厚壁铸件时,容易产生缩孔、缩松、结晶组织粗大和松软等缺陷,从而使铸件的力学性能下降。因此,设计铸件时,如果一味地采取增加壁厚的方法来提高铸件的强度,其结果可能适得其反。因为各种铸造合金都存在着一个临界壁厚,在最小壁厚与临界壁厚之间就是适宜的壁厚。

根据资料推荐,在砂型铸造条件下,各种铸造合金的临界壁厚可按其最小壁厚的 3 倍来确定。

3) 铸件的内壁厚

由于铸件的内、外壁冷却条件不同,将铸件的内壁厚度设计得比外壁薄一些是比较合理的。各种铸造合金的砂型铸件内、外壁厚差值可参看表 2-12 确定。

表 2-12 砂型铸件的内、外壁厚相差值

铸件种类	铸铁件	铸钢件	铸铝件	铸镁件	铸铜件
铸件内壁比外壁厚度应减少的相对值	10~20	20~30	10~20	10~20	15~20

(2) 熔模铸件壁厚

熔模铸件壁厚的确定原则和砂型铸件是一样的,但由于熔模铸件的尺寸小,所用型壳表面光洁、干燥,对金属液流动的阻力小,并且一般都采用热型浇注,即浇注时型壳具有一定的温度(200~800 ℃)。因此,熔模铸件的壁厚允许设计得较薄。

各种铸造合金熔模铸件的最小壁厚见表 2-13。

表 2-13 熔模铸件的最小壁厚

铸件尺寸/mm	最小壁厚/mm			
	碳 钢	高温合金	铝合金	铜合金
10~50	1.5~2.0	0.6~1.0	1.5~2.0	1.5~2.0
50~100	2.0~2.5	0.8~1.5	2.0~2.5	2.0~2.5
100~200	2.5~3.0	1.0~2.0	2.5~3.0	2.5~3.0
200~350	3.0~3.5	—	3.0~3.5	3.0~3.5
>350	4.0~5.0	—	3.5~4.0	3.5~4.0

(3) 金属型铸件壁厚

金属型铸件冷却凝固比砂型铸件快,其结晶组织比较细小,力学性能一般比砂型铸件高 10%~15%。因此,金属型铸件壁厚在不小于最小壁厚的前提下,可比砂型铸件适当减薄。

各种铸造合金、不同大小的金属型铸件的最小壁厚见表 2-14。

表 2-14 金属型铸件的最小壁厚

铸件尺寸/ (mm×mm)	最小壁厚/mm				
	铝硅合金	铝镁合金、镁合金	铜合金	灰铸铁	铸 钢
50×50	2.2	3	2.5	3	5
100×100	2.5	4	3	3	8
225×225	3	4	3.5	4	10
350×350	4	5	4	5	12

(4) 压铸件壁厚

压力铸造的特点之一是能铸造薄壁复杂零件,压铸件壁厚对铸件质量有很大影响,由表 2-15 可以看出,薄壁铸件比厚壁铸件具有更高的强度和致密性。

表 2-15　不同壁厚的铝合金压铸件的重度和强度

铸件壁厚/mm	密度/(kg·m⁻³)	铸件壁厚/mm	拉伸强度/kPa
2	2 850	2	2.7×10^3
5	2 780	3	2.7×10^3
7	2 740	6.5~8	1.75×10^3

由图 2-67 可以看出,铸件壁厚的增加,强度变化率反而下降。这是因为厚壁压铸件的内部容易产生气孔和缩孔等缺陷。所以,在设计压铸件结构时,单纯依靠采用增加壁厚的方法来提高强度的概念是错误的。

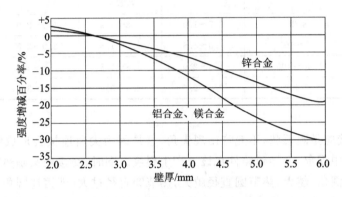

图 2-67　压铸件壁厚对抗拉强度的影响

在保证铸件有足够强度和刚度的条件下,应尽量减小其壁厚,并保持各截面壁厚均匀一致。如图 2-68 所示,图中(a)、(b)、(c)、(d)的右侧是正确的设计。

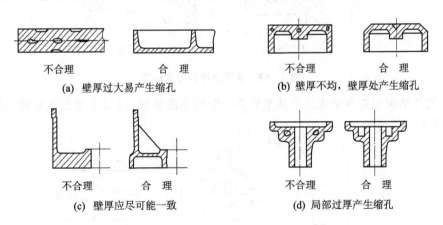

图 2-68　压铸件壁厚设计实例

各种铸造合金压铸件的推荐壁厚和最小壁厚,见表 2-16 和表 2-17。

表 2-16　压铸件的推荐壁厚

压铸件面积/cm²	推荐壁厚/mm		
	铝合金、镁合金	锌合金、锡铅合金	铜合金
<25	1.0~4.5	0.8~4.5	1.5~4.5
25~100	1.5~4.5		
100~400	2.0~4.5	1.5~4.5	2.5~4.5
>400	2.5~4.5		

表 2-17　压铸件的最小壁厚

压铸件面积/cm²	最小壁厚/mm		
	锌合金	铝合金 镁合金	铜合金
<25	0.7~1.0	0.8~1.2	1.5~2.0
25~100	1.0~1.6	1.2~1.8	2.0~2.5
100~400	1.6~2.0	1.8~2.5	2.5~3.0
>400	2.0~2.5	2.5~3.0	3.0~3.5

2. 壁的连接

铸件壁的连接应是圆弧状，不允许出现尖角，这是因为尖角连接会形成结晶脆弱面，降低强度，又有应力集中现象，会导致铸件在该处产生裂纹。同时，交接处又是热节点，连接壁的圆弧半径（又称铸造圆角）越大，热节圆直径越大，热节圆直径过大（即铸造圆角半径过大）又会导致铸件在该处产生缩孔或缩松。为此在进行铸件结构设计时，应选择合适的铸造圆角半径（见图 2-69）。

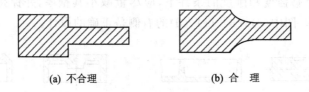

(a) 不合理　　　　　　　　(b) 合理

图 2-69　铸件壁厚的过渡形式

对于铸件结构中有两个或三个甚至更多个壁相连的情况，可采用交错接头或环形接头的形式，见图 2-70。

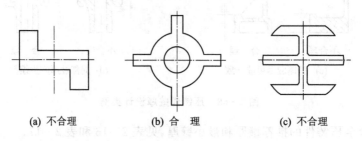

(a) 不合理　　　　(b) 合理　　　　(c) 不合理

图 2-70　铸件壁联结应尽量避免金属积聚

(1) 壁的过渡

当壁厚 $b/a \leqslant 2$ 时，两壁间采用圆角 R 过渡即可。圆角 R 的大小见表 2-18。

当壁厚 $b/a > 2$ 时，两壁间应采取渐变过渡或远郊过渡。过渡部分的尺寸关系见表 2-18。

表 2-18 壁的过渡形式和尺寸关系

图例		尺寸/mm
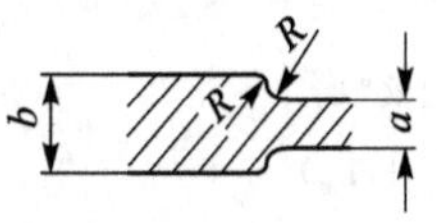 （图示）	$b > 2a$ 铸铁	$R \geqslant \left(\dfrac{1}{6} \sim \dfrac{1}{3}\right)\left(\dfrac{a+b}{2}\right)$
	铸钢	$R \approx \dfrac{a+b}{4}$
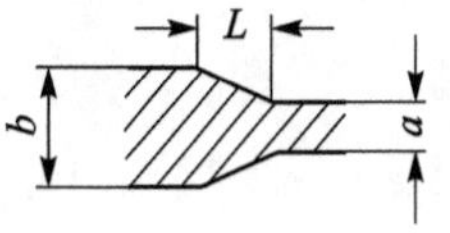 （图示）	$b > 2a$ 铸铁	$L > 4(b-a)$
	铸钢	$L \geqslant 5(b-a)$
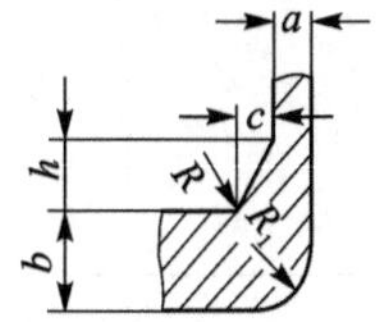 （图示）	$b > 2a$	$R \geqslant \left(\dfrac{1}{6} \sim \dfrac{1}{3}\right)\left(\dfrac{a+b}{2}\right), R_1 \geqslant R + \left(\dfrac{a+b}{2}\right)$ $c \approx 3\sqrt{b-a}, h \geqslant (4 \sim 5)c$

(2) 壁的连接

铸件两个铸壁连接（L、V 形）、三个铸壁连接（T、Y 形）的形式和尺寸关系见表 2-19。

表 2-19 铸壁的连接形式和尺寸关系

连接形式	尺寸关系
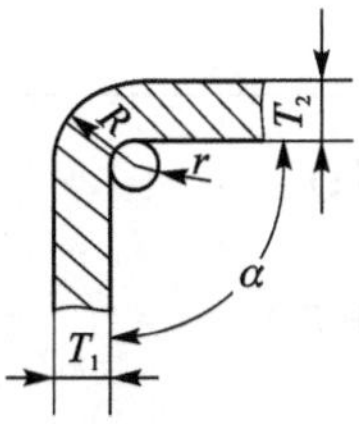 （图示）	$T_1 = T_2, \alpha = 30° \sim 120°$ 时 $r = (0.3 \sim 0.5)T_1$ $R = T_1 + r$
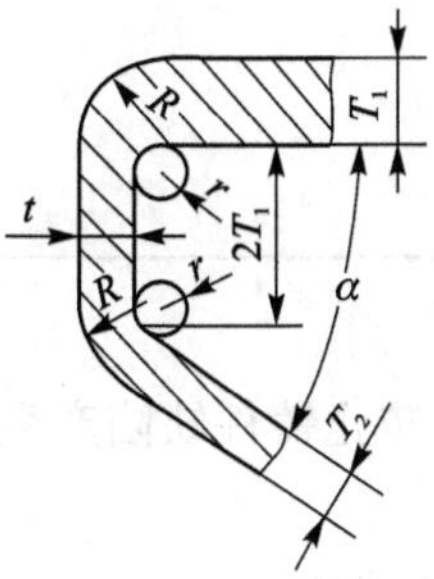 （图示）	$T_1 = (1.1 \sim 2)T_2, \alpha = 30° \sim 105°$ 时 $r = (0.15 \sim 0.25)(T_1 + T_2)$ $R = T_1 + r$ $t = \dfrac{T_1 + T_2}{2}$

续表 2-19

连接形式	尺寸关系
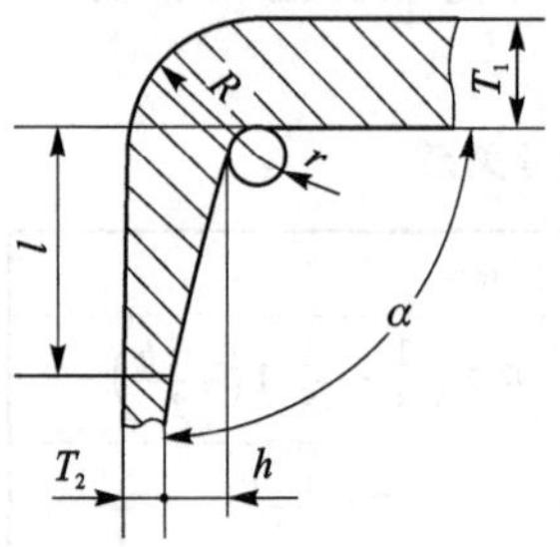 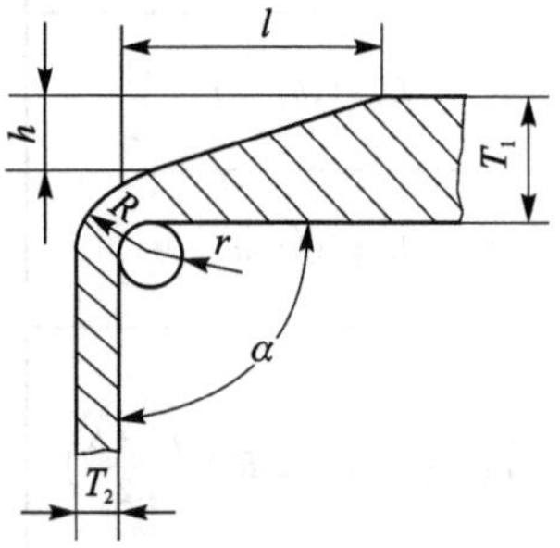	$T_1 > 2T_2, \alpha = 75° \sim 120°$ 时 $r = (0.15 \sim 0.25)(T_1 + T_2)$ $R = T_1 + r$ $h = T_1 - T_2$ $l \geqslant 4h$
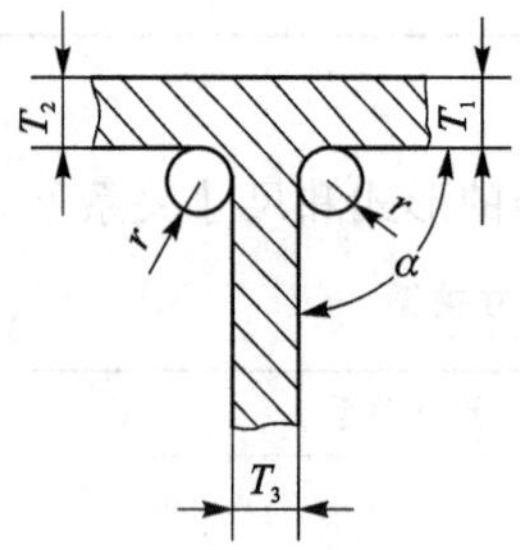	$T_1 = T_2 = T_3, \alpha = 30° \sim 105°$ 时 $r = (0.3 \sim 0.5)T_1$ $R = T_1 + r$ $T_1 > T_2 > T_3, T_1 = (1.1 \sim 2)T_2,$ $\alpha = 30° \sim 105°$ 时 $r = (0.15 \sim 0.25)(T_1 + T_2)$ $R = T_2 + r$
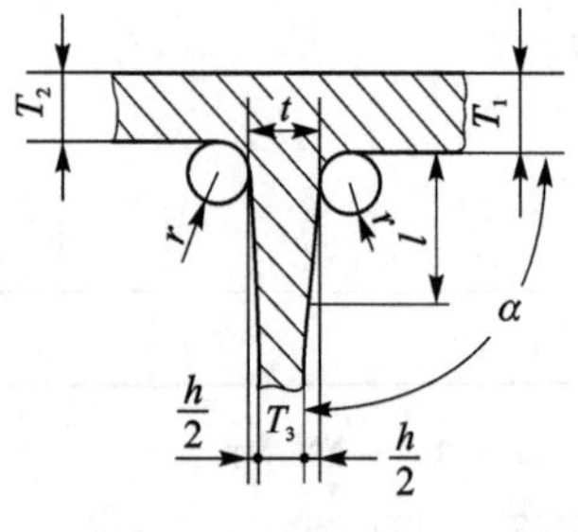	$T_1 > T_2 > T_3, T_1 > 2T_2,$ $\alpha = 30° \sim 105°$ 时 $r = (0.15 \sim 0.25)(T_1 + T_2)$ $t = \dfrac{T_1 + T_2}{2}$ $R = t + r$ $h = t - T_3$ $l \geqslant 4h$

3. 铸造圆角

一般情况下，铸件上各转角处都应设计成圆角。这对于防止铸件缺陷产生，提高铸件结构强度都有很重要的作用。

铸件壁的各种连接形式的铸造圆角半径可参考表 2-20 选取。

表 2-20 铸造圆角

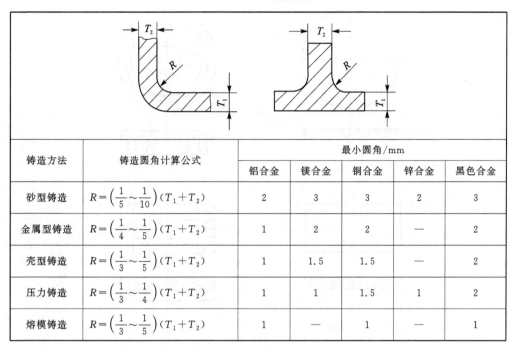

铸造方法	铸造圆角计算公式	最小圆角/mm				
		铝合金	镁合金	铜合金	锌合金	黑色合金
砂型铸造	$R=\left(\frac{1}{5}\sim\frac{1}{10}\right)(T_1+T_2)$	2	3	3	2	3
金属型铸造	$R=\left(\frac{1}{4}\sim\frac{1}{5}\right)(T_1+T_2)$	1	2	2	—	2
壳型铸造	$R=\left(\frac{1}{3}\sim\frac{1}{5}\right)(T_1+T_2)$	1	1.5	1.5	—	2
压力铸造	$R=\left(\frac{1}{3}\sim\frac{1}{4}\right)(T_1+T_2)$	1	1	1.5	1	2
熔模铸造	$R=\left(\frac{1}{3}\sim\frac{1}{5}\right)(T_1+T_2)$	1	—	1	—	1

铸造圆角与模型及工艺的关系如图 2-71 所示。图 2-73(a)所示为用分开模型作出圆角;图 2-73(b)所示为用阶梯分型面作出圆角;图 2-73(c)所示为用整体模型、水平分型面无圆角。

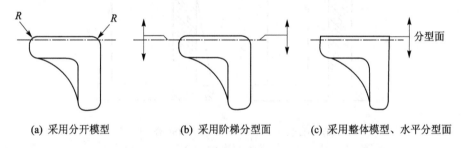

(a) 采用分开模型　　　(b) 采用阶梯分型面　　　(c) 采用整体模型、水平分型面

图 2-71　铸造圆角与模型及工艺的关系

需要特别指出的是,选定为分型面的部位不得采用圆角连接,而采用倾角(见图 2-71(c))。

4. 铸造筋

在设计铸件时,常常通过设铸造筋来增加薄壁件的强度和刚度,以防止裂纹和变形的产生(见图 2-72)。对于厚壁件,可以用加铸造筋的办法来消除大断面(见图 2-73);如果铸造筋的形状和部位安排得适当,它还可以成为金属液充填型腔时的辅助通道,有利于薄壁铸件的成型(见图 2-74)。

设计铸造筋时,与设计壁的连接一样,要尽量分散与减少热节点,避免多条筋互相交叉(见图 2-75);筋与壁的连接处要有圆角;筋的数目不要太多;垂直于分型面的筋应具有铸造斜度。

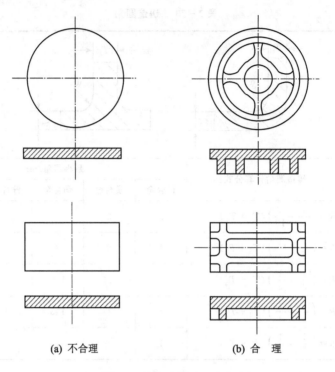

图 2-72 利用铸造筋防止铸件变形

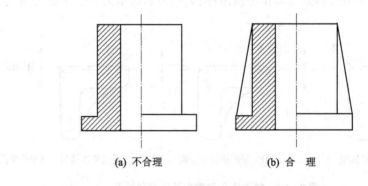

图 2-73 利用加强筋减小铸件壁厚

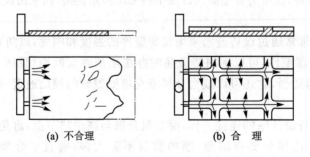

图 2-74 利用铸造筋改善铸件充填条件

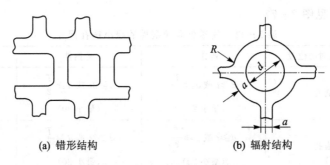

(a) 错形结构　　　　　　(b) 辐射结构

图 2-75　筋交错处的合理结构

应特别指出的是，布置铸造筋时要注意使其不妨碍起模(砂型铸造等)，如图 2-76(a)、(b)所示的两个铸件，都设有四条铸造筋，所起的作用相同。但图 2-76(a)所示结构是不合理的，四条铸造筋那样布置，砂型铸造时，妨碍起模和填砂；金属型铸造时，需采用活块。而图 2-76(b)所示结构是合理的，四条铸造筋这样布置，砂型铸造时，既不妨碍起模，又便于充填型砂；金属型铸造时，也不须采用活块。

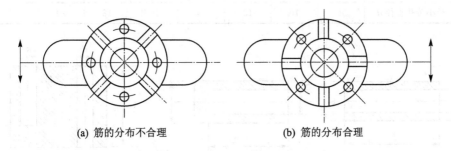

(a) 筋的分布不合理　　　　　　(b) 筋的分布合理

图 2-76　筋的分布与铸造工艺的关系

铸造筋的尺寸可按表 2-21 确定。

表 2-21　铸造筋的尺寸

简　图	尺寸关系/mm
(图示)	$H \leqslant 5T$ $t = 0.8T$ $R = 0.5T$ $R_1 = 0.25T$

5. 铸孔和槽

(1) 砂型铸件的铸孔

砂型铸件的铸孔在铸造时，一般都得使用砂芯。砂芯由于受到高温金属液的包围，工作条件比铸型恶劣，在孔的周围很容易产生粘砂、缩孔、缩松、气孔等缺陷。由于砂型受到金属液的浮力作用，很容易变形，甚至断裂。在砂型铸造条件下，最小铸孔的尺寸见表 2-22 和

表 2-23,表中符号见图 2-77。

表 2-22 铸铁件和铸钢件的最小铸孔尺寸　　　　　　　　　　　　mm

铸孔在浇注时的位置	铸铁件	铸钢件	铸孔的深度
水平通孔	$d \geq t$ 或 $d \geq \dfrac{T}{3}$（最小 20）	$d \geq 2t$ 或 $d \geq \dfrac{T}{2}$（最小 30）	$l \leq 2d$
水平盲孔	$d \geq t$ 或 $d \geq \dfrac{T}{3}$（最小 20）	$d \geq 2t$ 或 $d \geq \dfrac{T}{2}$（最小 30）	$l \leq 2d$
垂直通孔	$d \geq \dfrac{T}{2}$（最小 20）	$d \geq T$（最小 30）	$l = T$
垂直盲孔	$d \geq \dfrac{T}{2}$（最小 20）	$d \geq T$（最小 30）	$l \leq 2d$

表 2-23　有色合金铸件的最小铸孔直径　　　　　　　　　　　　mm

铸件壁厚 T	4～6	6～8	8～10	10～12	12～14	14～16	16～18	18～20
最小铸孔直径 d	8	10	12	14	16	18	20	22

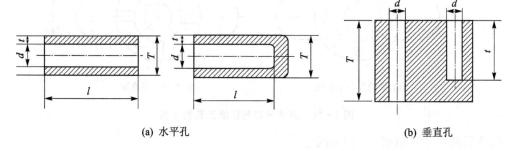

(a) 水平孔　　　　　　　　　　　　(b) 垂直孔

图 2-77　铸造通孔和盲孔

(2) 熔模铸件的铸孔和凹槽

熔模铸造能铸出各种形状的通孔和不通孔、深度较大宽度较小的凹槽。

熔模铸造只适于铸造油孔、气道,或难以加工的合金铸件上的孔,如磁钢、硬质合金和高温合金铸件上的孔。熔模铸件的细孔和槽,可以采用陶瓷管、石英玻璃管或陶瓷型芯铸出。

用熔模铸造法能稳定铸出的铸孔直径和深度见表 2-24,能铸出的凹槽的尺寸见表 2-25。

表 2-24　熔模铸件铸孔的直径与深度

铸孔直径/mm	1～1.5	4	5	6	7～10	11～18	20	24	28	30	32	38
通孔最大深度/mm	2～3	4	8	12	50	120	150	180	250	—	300	—
盲孔最大深度/mm	1～1.5	—	—	—	(直径为 10 时) 12	(直径为 14～18 时) 20～26	—	34	—	44	—	56

有色金属熔模铸件的凹槽深度可比表 2-25 所列数值稍大一些。

表 2-25 黑色金属熔模铸件铸槽深度　　　　　　　　　　mm

槽宽 W	≥2.5	4	6	8	10	16	20	24
最大槽深 H、h	≤5	8	20	32	46	80	120	150

(3) 压铸孔和槽

压力铸造的特点之一是能铸出相当小的孔,对一些精度要求不很高的孔,可以不必再进行机械加工就能直接使用,从而节省了金属和机械加工工时。

各种合金的压铸件,可以压铸出的孔的直径和深度尺寸,如表 2-26 所列。

表 2-26　压铸出的孔的尺寸

合金种类	孔的最小直径/mm		最大孔深(为孔径 d 的倍数)		孔的最小斜度/%
	一般的	技术上可能的	盲 孔	通 孔	
锌合金	1.0	0.8	4d	8d	0~0.3
铝合金	2.5	2.0	>φ5=4d <φ5=3d	>φ5=7d <φ5=5d	0.5~1.0
镁合金	2.0	1.5	>φ5=4d <φ5=3d	>φ5=8d <φ5=6d	0.5~1.0
铜合金	3.0	2.5	>φ5=3d <φ5=2d	>φ5=6d <φ5=4d	2.0~4.0

一些长形方孔和槽可直接压铸出来,考虑到压铸工艺的方便,孔和槽的最小尺寸,可参考表 2-27 设计(参见图 2-78)。

表 2-27　长形方孔和槽的尺寸

合金种类	铅锡合金	锌合金	铝合金	镁合金	铜合金
最小宽度 s/mm	0.8	0.8	1.2	1.0	1.5
深度 t/mm	10	12	10	12	10
厚度 b/mm	10	12	10	12	8
最小斜度	0.5%~1%	0.5%~1%	0.5%~1%	0.5%~1%	2%~4%

注:宽度 s 在具有铸造斜度时,表内值为小端部位值。

(4) 金属型铸件的铸孔

在金属型铸件上,能铸出的最小孔径,如表 2-28 所列。一般情况下,铝、镁合金铸件最常铸出的最小孔径是 10 mm。比这更小的孔,除非特殊需要,一般都不铸出。

铸件结构设计包括的内容很多,除上述以外,还有凸台和凸边、铸齿和螺纹、文字图案及镶

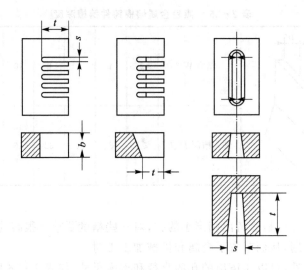

图 2-78　长形方孔和槽的尺寸

嵌件的应用等,这里就不赘述了,需要时可参考《航空制造工程手册》(特种铸造)。

表 2-28　金属型铸件的最小孔径

合金种类	孔的最小直径/mm	相应最大孔深/mm	
		盲孔	通孔
镁合金	5	10	20
铝合金	8	15	25
铜合金	10	15	20

6. 铸件结构应避免冷却收缩受阻和有利于减小变形

铸件在结构设计时,应尽量使其能自由收缩,以减小应力,避免裂纹。如图 2-79 所示的弯曲轮辐和奇数轮辐的设计,可使铸件能较好地自由收缩。

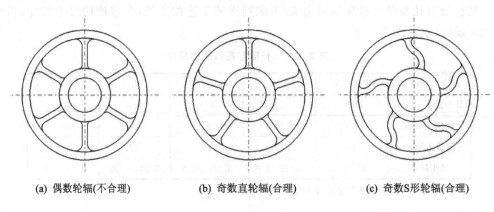

(a) 偶数轮辐(不合理)　　(b) 奇数直轮辐(合理)　　(c) 奇数S形轮辐(合理)

图 2-79　轮辐的设计

7. 避免外部侧凹

铸件在起模方向上若有侧凹,如图 2-80(a)所示,就必须在造型时增加较大的外壁型芯才能起模,若将其改成图 2-80(b)所示的结构,则可省去外壁型芯,显然后一种结构是合理的。

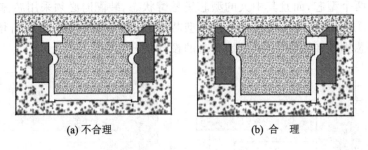

(a) 不合理　　　　　　　　(b) 合 理

图 2-80　铸件两种结构比较

8. 改进妨碍起模的凸台、凸缘和肋条的结构

设计铸件上的凸台、凸缘和肋条结构时,应考虑便于造型起模,尽量避免使用活块或外壁型芯,如图 2-81 所示。

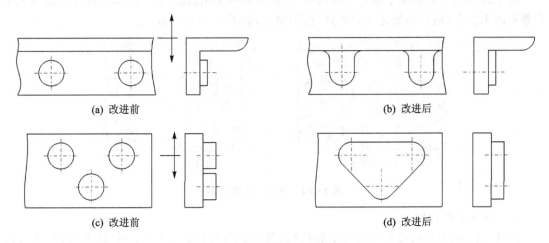

(a) 改进前　　　　　　　　(b) 改进后

(c) 改进前　　　　　　　　(d) 改进后

图 2-81　铸件整体凸台结构设计

9. 铸件内腔的设计

(1) 铸件应尽可能不用或少用型芯

图 2-82 所示为悬臂支架的两种设计方案,图 2-82(a)采用方形中空截面,为形成其内腔,必须采用型芯;若改为图 2-82(b)所示的工字形开式截面,则可避免型芯的使用,这样在简化造型的同时,也可保证铸件的质量,故后者的设计是合理的。

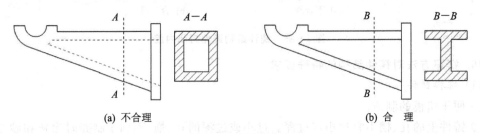

(a) 不合理　　　　　　　　(b) 合 理

图 2-82　悬臂支架

(2) 型芯应安放稳固、排气容易、清砂方便

型芯的固定主要依靠芯头来保证,如图 2-83 所示的轴承支架铸件,若采用图 2-83(a)的结构,则需要两个型芯,而且其中大的型芯呈悬臂状态,装配时必须采用芯撑作辅助支撑;若改成图 2-83(b)所示的形状,采用一个整体型芯来形成铸件的空腔,则既可增加型芯的稳固性,又改善了型芯排气和清理条件,显然后者的设计是合理的。

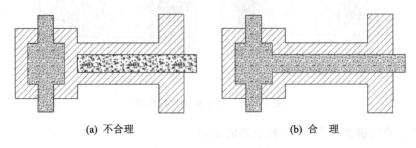

(a) 不合理　　　　　　　　(b) 合理

图 2-83　轴承架铸件

对于因芯头不足而难于固定型芯的铸件,在不影响使用功能的前提下,可设计出适当大小和数量的工艺孔,用以增加芯头的数量,稳固型芯,如图 2-84(b)所示。

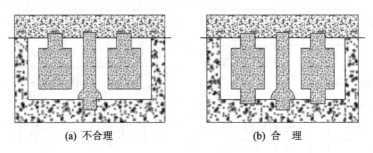

(a) 不合理　　　　　　　　(b) 合理

图 2-84　增设工艺孔结构

(3) 避免封闭空腔

图 2-85(a)所示的铸件为封闭空腔结构,其型芯安放困难、排气不畅、难于清砂,若改成图 2-85(b)所示的结构,上述问题将迎刃而解,故后者是合理的设计。

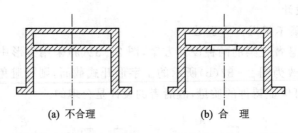

(a) 不合理　　　　　　　　(b) 合理

图 2-85　铸件结构避免封闭内腔

10. 铸造方法对铸件结构的特殊要求

(1) 熔模铸件

① 便于蜡模的制造。

② 铸件上的孔、槽不宜过小或过深。过小或过深的孔、槽,不利于制壳时涂料和砂粒顺利地充填熔模上相应的孔洞,形成合适的型腔;同时,过深的孔、槽也给铸件的清砂工作带来困

难。通常,孔径应大于 2 mm(薄件大于 0.5 mm)。通孔时,孔深/孔径小于(4~6),不通孔时,孔深/孔径小于 2。槽宽应大于 2 mm,槽深不超过槽宽的2~6 倍。

③ 减少热节,壁厚力求均匀。熔模铸造一般不单独设置冒口,而是利用加粗的直浇道作为冒口直接补缩铸件。与此工艺相适应,应尽量采用薄壁结构,并使壁厚分布符合定向凝固原则。

④ 避免大平板结构。由于熔模型壳的高温强度较低,容易变形,所以设计铸件结构时,应尽量避免大的平面。

(2) 金属型铸件

① 铸件的外形和内腔应力求简单,尽可能加大铸件的结构斜度,避免采用直径过小或过深的孔,以便于抽出型芯和保证铸件顺利取出。

② 铸件的壁厚要均匀,以防出现缩松和裂纹缺陷;同时要注意壁厚不能太薄,尽量避免大的水平壁,以防止浇不到、冷隔等缺陷,如铝硅合金铸件的最小壁厚为 2~4 mm,铝镁合金的最小壁厚为 3~5 mm。

(3) 压铸件

① 压铸件应尽量消除侧凹和深腔。

② 尽量采用壁厚均匀的薄壁结构。压铸件适宜的壁厚一般为:锌合金 1~3 mm,铝合金 1.5~5 mm,铜合金 2~5 mm。

③ 压铸可以采用镶嵌件,应充分发挥镶嵌件的优越性,以便制出复杂件,改善压铸件局部性能和简化装配工艺。为使嵌件在铸件中的连接可靠,应将嵌件镶入铸件部分制出凹槽、凸台或滚花等。

习 题

1. 简述铸造成形的优缺点。
2. 简述影响熔融合金流动性的因素。
3. 简述影响合金充型能力的因素及提高充型能力的措施。
4. 简述铸件容易产生的缺陷有哪些。
5. 何为偏析现象?偏析现象对铸件质量有何影响?
6. 分析缩孔形成的过程,说明缩孔与缩松的形成条件及形成原因的异同点。
7. 特种铸造的常用方法有哪些?
8. 简述分型面的选择原则。
9. 简述在金属铸造工程中,合金收缩经历的阶段。
10. 简述砂型铸造中造型的分类。
11. 简述砂型铸造的特点。
12. 简述铸件结构设计基本原则。
13. 简述铸件机械加工粗基准的选择特点。

第 3 章　锻造技术

锻造是一种通过对金属坯料施加压力，使其产生塑性变形以获得具有一定机械性能、一定形状和尺寸的锻件的加工方法。在一定范围内，金属材料温度越高，塑性越好，为了使金属材料在高塑性下成型，通常锻造在热态下进行，因此锻造也称为热锻。锻造能消除金属在冶炼过程中产生的铸态疏松等缺陷，优化微观组织结构，同时由于保存了完整的金属流线，锻件的机械性能一般优于同样材料的铸件。

3.1　概　述

3.1.1　锻造技术的发展

锻造是最古老的金属加工方法之一，青铜器时代就开始了金属锻造加工。我国早在商周时期已经大量地采用了锻造技术进行青铜器具生产，春秋战国时期已经可以对铁器进行锻造。

随着工业革命的发展，锻造发展成专业的金属成形关键技术，也从单一的手工锻造技术发展出以机械设备施加压力的现代锻造技术，锻造逐渐以机械工业化的生产方式出现在铁路、兵工、造船、航空等行业中。1945 年之后，世界各工业强国意识到锻造技术的重要性，大型模锻压机吨位的不断提高，为航空工业快速发展奠定了基础。

巨型模锻液压机，是象征重工业实力的国宝级战略装备，是衡量一个国家工业实力和军工能力的重要标志。世界上能研制巨型模锻液压机的国家屈指可数，目前世界上拥有 4 万吨级以上模锻压机的国家只有中国、美国、俄罗斯和法国。1949 年之后，我国的锻造技术从无到有，历经艰辛，经过几十年的不断发展，在 2006—2010 年期间建造了一台 8 万吨级的模锻液压机。2012 年，中国二重（中国第二重型机械集团有限公司）独立自主设计、制造、安装的世界最大的 8 万吨模锻压机热负荷试车成功，成为国产大飞机 C919 试飞成功的重要功臣之一。截至 2020 年，清华大学已设计出 16 万吨级模锻液压机，是俄罗斯 7.5 万吨级模锻液压机的 2 倍多，是美国 4.5 万吨锻压机的 3.5 倍多。

目前，我国锻造工业体系已经基本满足国内经济建设、国防建设、基础设施建设的需要，行业继续保持全球最大的锻造行业发展规模，并已具备支撑"走出去"战略布局的能力。我国锻造工业现已覆盖锻造生产，广泛应用于机械、冶金、造船、航空、航天、兵器、重型设备等多个领域。锻造生产能力的大小和设备及工艺的先进程度已成为一个国家工业水平高低的重要标志之一。

3.1.2　锻造的分类

1. 按锻造温度分类

按锻造温度，可以分为热锻、温锻和冷锻。

（1）热　锻

热锻是将金属加热到再结晶温度以上进行锻造的工艺。锻造时变形金属流动剧烈，锻件与模具接触时间较长。因此要求模具材料具有较高的热稳定性、高温强度和硬度,具有较好的冲击韧性、耐热疲劳性和耐磨性,以及便于加工。较轻工作负荷的热锻模可用低合金钢来制造。

（2）温 锻

温锻是将金属加热到再结晶温度左右进行锻造的工艺。温锻充分利用高温金属的塑性,降低变形抗力,可用较小吨位的设备进行锻造,可成形形状复杂的工件。温锻多用于模锻时难变形的、变形温度范围狭窄的铝合金、钛合金及其他高温合金锻件的加工。温锻变形时,加工硬化有不同程度的降低,因而锻造变形力比冷锻低,但大于热锻。锻件的精度、表面粗糙度、表面氧化程度、脱碳程度和力学性能优于热锻件,与冷锻件相近。温锻还可锻造冷锻加工难以成形的高碳钢与高合金钢材料。

（3）冷 锻

冷锻是将金属处于再结晶温度以下进行锻造的工艺。冷模锻、冷挤压、冷镦等塑性加工均属于冷锻。生产中,冷锻材料大都是室温下变形抗力较小、塑性较好的铝及部分合金、铜及部分合金、低碳钢、中碳钢、低合金结构钢等。冷锻件质量好,尺寸精度高。冷锻能代替一些切削加工,并能使金属强化,提高零件的强度。

温锻和冷锻是模锻技术的未来发展方向,也代表了锻造技术的水平。

2. 按成形机理分类

按成形机理,锻造可分为自由锻、模锻、碾环、特殊锻造。

（1）自由锻

自由锻是指用简单的通用性工具,或在锻造设备的上、下砧铁之间直接对坯料施加外力,使坯料产生变形而获得所需的几何形状及内部质量的锻件的加工方法。采用自由锻方法生产的锻件称为自由锻件。自由锻以生产批量不大的锻件为主,采用锻锤、液压机等锻造设备对坯料进行成形加工,获得合格锻件。

（2）模 锻

模锻是金属坯料在具有一定形状的锻模膛内受压变形而获得锻件的加工方法。按使用设备,模锻可分为锤上模锻、胎模锻、曲柄压力机上模锻、摩擦压力机上模锻、平锻机上模锻等。按模具类型,模锻可分为开式模锻(有飞边模锻)、闭式模锻(无飞边模锻)和多向模锻等。模锻一般用于生产重量不大、批量较大的零件。

（3）碾 环

碾环是指通过专用设备碾环机锻造不同直径的环形零件,碾环机也用来生产汽车轮毂、火车车轮等轮形零件。

（4）特种锻造

特种锻造包括辊锻、楔横轧、径向锻造、液态模锻等锻造方式。特种锻造适用于生产某些特殊形状的零件。例如,辊锻可以作为有效的预成形工艺,大幅降低后续的成形压力;楔横轧可以用来生产钢球、传动轴等零件;径向锻造则可以用来生产大型的炮筒、台阶轴等锻件。

3. 按锻造材料分类

按锻造材料,可分为黑色金属模锻、有色金属模锻和粉末制品成形。

3.1.3 锻造加工的特点

金属锻造加工的实质是利用金属的塑性及其产生塑性变形的能力,借助工具或模具,在外加冲击力或压力的作用下,使坯料成为具有一定的形状、尺寸,内部组织和力学性能满足要求的机械零件或毛坯的一种加工方法。

与金属的铸造、焊接、切削加工方法相比,锻造加工有如下特点:

① 锻件的组织、性能得到改善　金属经过锻造加工后,其内部组织发生显著的变化,如炼钢生产的钢锭,其内部常存在疏松、晶粒粗大、组织不均匀、成分偏析等缺陷,经过锻造等压力加工后组织中的疏松得到锻合,内部致密,打碎粗大的枝晶,细化晶粒,改善偏析。坯料通过锻造得到的锻件,形状、尺寸稳定性好、纤维组织合理、组织细化,改善第二相的分布后,锻件的塑性、冲击韧度、疲劳性能等得到很大提高,而且锻件与锻件之间性能变化幅度小。

② 材料的利用率高　锻造加工是利用金属在塑性状态下通过体积转移来实现成形,获得一定形状尺寸的锻件。锻造加工过程中不产生切削,只有少量的工艺废料,材料的利用率高。

③ 尺寸精度高　金属锻造加工得到的工件可达到很高的尺寸精度,锻件的加工余量小,不少锻造成形方法已达到少或无切削的要求。如精密锻造的伞齿轮,其齿形部分可不经切削加工而直接使用,精锻叶片的复杂曲面可达到只须磨削的精度。

④ 锻造工艺灵活　锻造既可单件生产,又可大批量生产,生产率高于自由锻。目前,自由锻是大型锻件主要的锻造加工方法。由于锻造加工设备的不断发展及机械化、自动化程度的提高,模锻生产具有较高的生产效率,适用于大批量生产。如,在 120 000 kN 的热模锻压力机上锻造一根汽车用六拐曲轴仅需 40 s;锻压工艺中的高速冲床行程次数已达到 1 500～1 800 次/min;在行星搓丝机上锻造加工 M5 的螺钉,生产效率高达 12 000 件/min。

由于上述特点,金属锻造加工已广泛应用于各个工业部门的零件生产。如,机床零件中,锻件重量占 60%,汽车零件中 60%～70% 由锻造加工而成,锻件质量占总质量的 80%;飞机制造业中锻造及其板料成形零件占 80%,如 A380 民航客机的起落架成形,需要在 750 000 kN 的压力机上锻造完成;电力工业中的大型发电机的转子、护环、汽轮机轴等均为锻件;冶金工业中的轧辊、模具等部件可由锻造加工而成;兵器行业的武器传动件,如坦克、航空发动机零件中锻件占 80%。

3.2　锻造成形技术基础

锻造能改善金属组织中的缺陷,把粗大的组织(树枝状晶粒)击碎成细小的晶粒,并形成纤维组织,提高材料的力学性能。

3.2.1　常见的金属材料缺陷

锻造中,一般将金属材料分为钢锭和金属型材。

1. 钢锭材料常见的缺陷

钢锭材料常见的缺陷有偏析、夹杂、气体、气翘、缩孔、疏松、裂纹和溅疤等。

上述缺陷的形成与冶炼、浇注和结晶过程密切相关,并且不可避免。钢锭越大,缺陷越严重,这往往是造成大型锻件报废的主要原因。为此,应当了解钢锭内部缺陷的性质、特征和分布规律,以便在锻造时选择合适的钢锭,制定合理的锻造工艺规范,并在锻造过程中消除内部缺陷和改善锻件的内部质量。

(1) 偏　析

偏析是指各处成分与杂质分布不均匀的现象,包括枝晶偏析(钢锭在晶体范围内化学成分的不均匀性)和区域偏析(钢锭在宏观范围内的不均匀性)等。偏析是由于选择性结晶、溶解度变化、密度差异和流速不同造成的。偏析会造成力学性能不均和裂纹缺陷。钢锭中的枝晶偏析现象可以通过锻造、再结晶、高温扩散和锻后热处理消除,而区域偏析很难通过热处理方法消除,只有通过反复镦-拔变形工艺才能使其化学成分趋于均匀化。

(2) 夹　杂

不溶解于金属基体的非金属化合物叫作非金属夹杂物,简称夹杂。常见的非金属夹杂物有硫化物、氧化物、硅酸盐等。夹杂分内在夹杂和外来夹杂两类。内在夹杂是指冶炼和浇注时的化学反应产物;外来夹杂是冶炼和浇注过程中由外界带入的砂子、耐火材料及炉渣碎粒等。

夹杂是一种异相质点,夹杂的存在对热锻过程和锻件质量均有不良影响,它破坏金属的连续性。在应力作用下,夹杂处产生应力集中会引起显微裂纹,成为锻件疲劳破坏的疲劳源。如低熔点夹杂物过多地分布于晶界上,锻造时会引起热脆现象。可见,夹杂的存在会降低锻造性能和锻后的力学性能。

(3) 气　体

钢液中溶解有大量的气体,在凝固过程中,大量的气体会析出,但总有一些仍然残留在钢锭内部或皮下形成气泡。钢锭内部的气泡只要不是敞开的,或虽敞开但内壁未被氧化,均可以通过锻造锻合,但皮下气泡容易引起裂纹。

钢锭中常见的残存气体有氧、氮、氢等,氧和氮在钢锭里最终以氧化物和氮化物的形成存在,形成钢锭内的夹杂。氢是钢中危害性最大的气体,它在钢中的含量超过一定极限值时,会在锻后冷却过程中,在锻件内部产生白点和氢脆缺陷,使钢的塑性显著下降。

(4) 缩孔和疏松

钢液冷凝成为钢锭,将发生物理收缩现象,如果没有钢液补充,钢锭内部某些地方将形式空洞。缩孔是在冒口区形成的,此区凝固最晚,由于没有钢液补充而造成不可避免的缺陷。缩孔的大小与位置和锭模结构及浇注工艺有关。如果锭模不适当、冒口保温不佳等,有可能深入到锭身形成二次缩孔(缩管)。一般情况下,锻造时将缩孔与冒口一并切除,否则会因缩孔不能锻合而造成内部裂缝,导致锻件报废。

疏松是由于晶间钢液最后凝固收缩造成的晶间空隙和钢液凝固过程中析出气体构成的显微孔隙。这些孔隙在区域偏析处较大者变为疏松,在树枝晶间处较小者则变为针孔。疏松使钢锭组织的致密程度下降,破坏了金属的连续性,影响锻件的力学性能。因此,锻造时要求大变形,以便锻透钢锭,将疏松消除。

(5) 溅　疤

当钢锭采用上注法浇注时,钢液将冲击钢锭模底而飞溅起来附着在模壁上,溅珠和钢锭不能凝固成一体,冷却后就会形成溅疤。钢锭上的溅疤在锻造前必须铲除,否则会在锻件上形成严重的夹层。

一般来说,钢锭越大,产生上述缺陷的可能性就越多,缺陷性质也就越严重。

2. 型材常见的缺陷

铸锭经过轧制、挤压或锻造加工后,组织结构得到改善,性能相应提高。通常,变形越充分,残存的铸造缺陷就越少,材料质量提高的幅度也越大。但在轧、挤、锻过程中,材料有可能产生新的缺陷。型材有如下常见的缺陷。

(1) 划痕(划伤)

金属在轧制过程中,由于各种意外原因在其表面划出伤痕,其深度常达 0.2~0.5 mm。

(2) 折叠

轧制时,轧材表面金属被翻入内层并被拉长,折缝内由于有氧化物而不能被锻合,最终形成折叠。

(3) 发裂

钢锭皮下气泡被轧扁、拉长、破裂形成发状裂纹,深度约为 0.5~1.5 mm。在高碳钢和合金钢中容易产生这种缺陷。

(4) 结疤

浇注时,钢液飞溅而凝固在钢锭表面,在轧制过程中被碾轧成薄膜而附于轧材表面,其厚度约为 1.5 mm。

(5) 碳化物偏析

含碳量高的合金钢容易出现这种缺陷,这种缺陷是由于钢中的莱氏体共晶碳化物和二次网状碳化物在开坯和轧制时未被打碎和不均匀分布所造成的。碳化物偏析会降低钢的锻造性能,引起锻件开裂,热处理淬火时容易局部过热、过烧和淬裂,含碳高的合金钢制成的刀具在使用时刃口易崩裂。为了消除碳化物偏析所引起的不良影响,最有效的办法是采用反复镦-拔工艺,彻底打碎碳化物,使之均匀分布。

(6) 白点

白点是隐藏在钢坯内部的一种缺陷,是在钢坯的纵向断口上呈圆形或椭圆形的银白色斑点,在横向断口上呈细小裂纹,会显著降低钢的韧性。白点的大小不一,长度为 1~20 mm 或更长。钢中存在一定量的氢和各种内应力(组织应力、温度应力、塑性变形后的残余应力等),白点是在其共同作用下产生的。

(7) 非金属夹杂

钢中通常存在着硅酸盐、硫化物和氧化物等非金属夹杂物,这些夹杂物在轧制时被碾轧成条带状。夹杂物破坏了金属基体的连续性,严重时会引起锻造开裂。

(8) 粗晶环

铝合金、镁合金挤压棒材,在其横断面的外层环形区域常出现粗大晶粒,故称为粗晶环。有粗晶环的棒料在锻造时容易开裂,如果粗晶环留在锻件表层,将会降低锻件的性能。因此,锻造前通常须将粗晶环除去。

型材缺陷中,划痕、折叠、发裂、结疤和粗晶环等均属于材料表面缺陷,锻前应去除,以免锻造过程中继续扩展或残留在锻件表面上,降低锻件质量或导致锻件报废。

碳化物偏析、非金属夹杂、白点等属于材料内部缺陷,严重时将显著降低锻造性能和锻件质量。因此,在锻造前应加强质量检验,不合格材料不应投入生产。

3.2.2 锻造温度范围

锻造温度范围是指金属开始锻造的温度(始锻温度)和结束锻造的温度(终锻温度)之间的一段温度范围。

(1) 确定锻造温度范围的基本原则
① 要求金属在锻造温度范围内具有良好的塑性和较低的变形抗力。
② 能锻出优质锻件（所需的组织性能）。
③ 锻造温度范围应尽可能宽，以便减少加热次数，提高生产效率。
(2) 确定锻造温度范围的基本方法

运用合金相图、塑性图、抗力图和再结晶图等，从塑性、变形抗力和锻件的组织性能三个方面进行综合分析，确定出合理的锻造温度范围，并在生产实践中进行验证和修改。

合金相图能直观地表示出合金系中各种成分的合金在不同温度区间的相组成情况。一般单相组织比多相组织的塑性好、抗力低，所以锻造时应尽可能使合金处于单相状态。首先应按相图初选锻造温度范围。从保证变形金属具有较高可锻性出发，运用塑性图和抗力图来确定合适的锻造温度范围。再结晶图是通过试验绘制的，表示变形温度、变形程度与锻件晶粒尺寸之间的关系。它对确定最后一道变形工序的锻造温度、变形程度具有重要的参考价值。图 3-1 所示为碳钢的锻造温度范围。

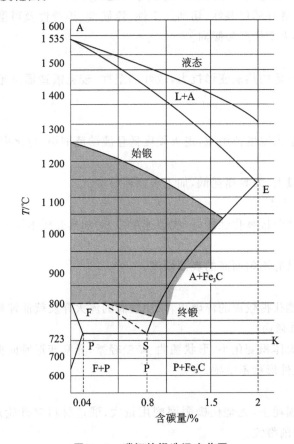

图 3-1 碳钢的锻造温度范围

在保证不出现加热缺陷的前提下，始锻温度应尽量取高一些；在保证塑性足够的前提下，终锻温度应尽可能低一些。常用钢材的锻造温度范围见表 3-1。

表 3-1 常用钢材的锻造温度范围

钢材牌号	始锻温度/℃	终锻温度/℃
低碳钢	1 250	750
45	1 200	800
T12A	1 150	830
65Mn	1 200	830
GCr15	1 150	850
Cr12MoV	1 050	900
W18Cr4V	1 100	900

3.2.3 材料锻造性能

锻造工艺一般包括锻造、切削加工、热处理等几道工序。为保证模具的制造质量,降低生产成本,其材料应具有良好的可锻性、切削加工性、淬硬性、淬透性及可磨削性,还应具有小的氧化、脱碳敏感性和淬火变形开裂倾向。

(1) 可锻性

锻造材料应具有较低的热锻变形抗力,较好的塑性,较宽锻造温度范围;锻裂冷裂及析出网状碳化物的倾向低。

(2) 退火工艺性

锻造材料的球化退火温度范围宽,退火硬度低且波动范围小,球化率高。

(3) 切削加工性

锻造材料切削用量大,刀具损耗低,加工表面粗糙度低。

(4) 氧化、脱碳敏感性

锻造材料高温加热时抗氧化性能好,脱碳速度慢,对加热介质不敏感,产生麻点倾向小。

(5) 淬硬性

锻造材料淬火后具有均匀而高的表面硬度。

(6) 淬透性

锻造材料淬火后能获得较深的淬硬层,采用缓和的淬火介质就能淬硬。

(7) 淬火变形开裂倾向

锻造材料常规淬火体积变化小,形状翘曲、畸变轻微,异常变形倾向低;常规淬火开裂敏感性低,对淬火温度及工件形状不敏感。

(8) 可磨削性

锻造时砂轮相对损耗小,无烧伤极限磨削用量大,锻造材料对砂轮质量及冷却条件不敏感,不易发生磨伤及磨削裂纹。

3.2.4 锻件质量检验

锻件的缺陷,有的会影响后续工序处理质量或加工质量,有的则严重影响锻件的性能及使用,甚至极大地降低所制成品件的使用寿命。为了保证或提高锻件的质量,除在工艺上加强质量控制,采取相应措施杜绝锻件缺陷的产生外,还应进行必要的质量检验,防止带有对后续工序(如热处理、表面处理、冷加工)及使用性能有恶劣影响的缺陷的锻件流入后续工序。经质量检验后,还可以根据缺陷的性质及影响使用的程度对已制锻件采取补救措施,使之符合技术标准或使用的要求。

锻件质量的检验包括外观质量和内部质量的检验。

(1) 外观质量检验

外观质量检验主要是检查锻件的形状、几何尺寸是否符合图样的规定,以及锻件的表面状态。表面状态的检验内容包括检查锻件表面是否有表面裂纹、折叠、折皱、压坑、桔皮、起泡、斑疤、腐蚀坑、碰伤、外来物、未充满、凹坑、缺肉、划痕等缺陷。

(2) 内部质量检验

内部质量检验既包含检查锻件的内部缺陷,也包含检查锻件的力学性能,对于重要件、关键件或大型锻件还应进行化学成分分析。通过低倍检查、断口检查、高倍检查的方法来检验锻件是否存在诸如内裂、缩孔、疏松、粗晶、白点、树枝状结晶、流线不符合外形、流线紊乱、穿流、粗晶环、氧化膜、分层、过热、过烧组织等缺陷。力学性能检查包括常温抗拉强度、塑性、韧性、硬度、疲劳强度、高温瞬时断裂强度、高温持久强度、持久塑性及高温蠕变强度等的检查。

锻件的类别不同,其具体的检验项目、检验数量和检验要求也不同。

3.3 自 由 锻

自由锻造时,除与上、下砧铁接触的金属部分受到约束外,金属坯料朝其他各个方向均能自由变形流动,不受外部的限制,故无法精确控制变形的发展。

自由锻分为手工锻造和机器锻造两种。手工锻造只能生产小型锻件,生产率也较低。机器锻造是自由锻的主要方法。除锻造的特点外,自由锻还有其自身的特点:

① 工具简单、通用性强,生产准备周期短。
② 锻件尺寸适用范围广,尤其是大型及特大型锻件的制造。
③ 主要用于单件、小批量生产。
④ 锻件的精度不高,加工余量大,形状简单。
⑤ 对工人的技术水平要求高,劳动条件差,生产效率低。

自由锻件的质量范围较广,小到不及 1 kg,大到二三百吨。对于大型锻件,自由锻是唯一的加工方法,这使得自由锻在重型机械制造中有特别重要的作用,例如水轮机主轴、多拐曲轴、大型连杆和重要的齿轮等零件在工作时都承受很大的载荷,要求具有较高的力学性能,常采用自由锻方法生产毛坯。

3.3.1 自由锻工序

自由锻工序包括:基本工序、辅助工序和修整工序。

1. 基本工序

自由锻的基本工序如图 3-2 所示。

自由锻的基本工序是使金属坯料产生一定程度的塑性变形,以得到所需形状、尺寸或改善材质性能的工艺过程。它是锻件成形过程中必需的变形工序,如镦粗、拔长、冲孔、扩孔、弯曲、切割、扭转和错移等。实际生产中最常用的是镦粗、拔长和冲孔三个工序。

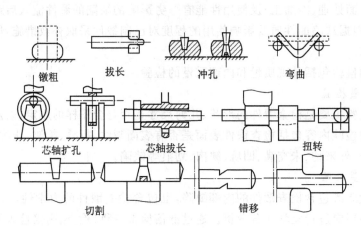

图 3-2 基本工序

(1) 镦粗

镦粗是沿工件轴向进行锻打,使其长度减小,横截面积增大的操作过程。常用来锻造齿轮坯、凸缘、圆盘等零件,也可用来作为锻造环、套筒等空心锻件冲孔前的预备工序。

镦粗可分为全镦粗和局部镦粗两种形式,如图 3-3 所示。镦粗时,坯料不能过长,高度与直径之比应小于 2.5,以免镦弯,或出现细腰、夹层等现象。坯料镦粗的部位必须均匀加热,以防止出现变形不均匀。

镦粗的作用如下:

① 获得横截面较大而高度较小的锻件(饼块件)。

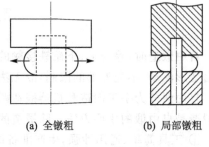

(a) 全镦粗　　(b) 局部镦粗

图 3-3 镦粗

② 用作冲孔前的准备工序(增大坯料的横截面积以便于冲孔)。

③ "反复镦拔法",镦粗与拔长相结合,可提高锻造比,同时击碎合金工具钢中的块状碳化物,并使其分布均匀以提高锻件的使用性能。

④ 提高锻件的横向力学性能以减小力学性能的异向性。

镦粗时由于坯料两端面与工具存在摩擦力而导致金属变形不均匀。坯料上下端面及其表层金属因受摩擦力影响成为难变形区Ⅰ,区域Ⅱ为大变形区,区域Ⅲ为小变形区,见图 3-4。因此,镦粗后,坯料由圆柱形变为鼓形。另外,变形区Ⅰ与工具接触,温度降低快,也是难变形的原因之一。

三个区域的变形不均匀使金属内部晶粒粗细不一。大变形区变形充分,得到细晶粒;难变形区,还保留粗大的铸态组织。区域Ⅱ和区域Ⅲ变形不均,会引起侧表面裂纹产生。

(2) 拔 长

拔长是沿垂直于工件的轴向进行锻打,以使其截面积减小,而长度增加的操作过程,如图 3-5 所示。常用于锻造轴类和杆类等零件。

对于圆形坯料,一般先锻打成方形后再进行拔长,最后锻成所需形状,或使用 V 型砧铁进行拔长,如图 3-6 所示,在锻造过程中要将坯料绕轴线不断翻转。

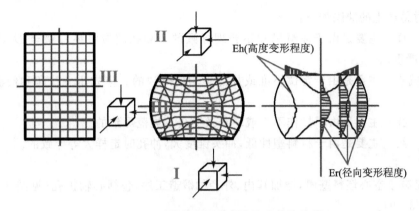

图 3-4 平砧镦粗变形分布与应力状态分析

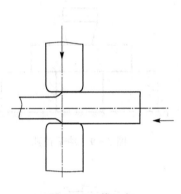

图 3-5 拔 长

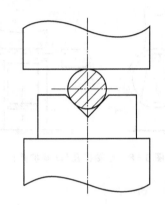

图 3-6 用 V 型砧铁拔长圆坯料

拔长时，主要质量问题是裂纹、表面折叠、端面内凹、组织与性能不均等；坯料变形情况与镦粗变形有某些相似之处，是两端带有不变形金属的镦粗。

(3) 冲 孔

冲孔是利用冲头在工件上冲出通孔或盲孔的操作过程。常用于锻造齿轮、套筒和圆环等空心锻件，对于直径小于 25 mm 的孔一般不锻出，而是采用钻削的方法进行加工。

在薄坯料上冲通孔时，可用冲头一次冲出。若坯料较厚时，可先在坯料的一边冲到孔深的 2/3 深度后，拔出冲头，翻转工件，从反面冲通，以避免在孔的周围冲出毛刺，如图 3-7 所示。

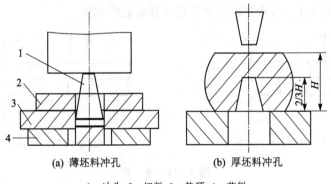

(a) 薄坯料冲孔　　(b) 厚坯料冲孔

1—冲头；2—坯料；3—垫环；4—芯料

图 3-7 冲 孔

冲孔时易产生的缺陷如下：

① 走　　样　　主要是由于坯料尺寸不合理导致的。冲孔前应将坯料镦至 $D/d>3$ 处（越小，走样越严重）。

② 孔偏心　　主要是由于定位不准或加热不均匀导致的。应先压一浅印和使温度均匀后再冲。

③ 斜　　孔　　主要是由于操作不当或坯料及工具不规范导致的。

④ 裂　　纹　　主要是由于材料塑性低，冲头锥度大，冲孔时走样大等导致的。

(4) 扩孔

扩孔是减小空心坯料壁厚，增加其内、外径的锻造工序，包括心轴扩孔（见图 3-8）和冲子扩孔（见图 3-9）。

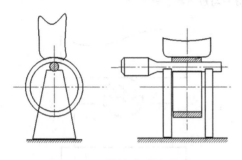

图 3-8　心轴扩孔（马架扩孔）

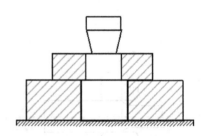

图 3-9　冲子扩孔

(5) 弯曲

弯曲是将坯料弯成所规定形状的锻造工序。弯曲锻造是局部加载、局部受力和局部变形。弯曲同其他工序联合使用，可以得到各种弯曲形状的锻件，如吊钩、叉子、夹钳等。弯曲时坯料的形状变化如图 3-10 所示。

(6) 错移

错移是将毛坯的一部分与另一部分错开一定距离而保持轴心平行的锻造工序。错移包括在一个平面内的错移（见图 3-11(a)）和在两个平面内的错移（见图 3-11(b)）。制造曲轴时常采用错移锻造的方法。

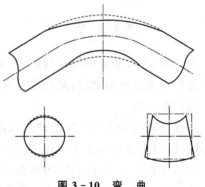

图 3-10　弯曲

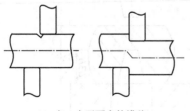

(a) 在一个平面内的错移

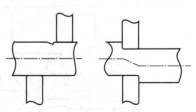

(b) 在两个平面内的错移

图 3-11　弯曲

2. 辅助工序

为使基本工序操作方便而进行的预变形工序称为辅助工序(压钳口、切肩等),如图3-12所示。

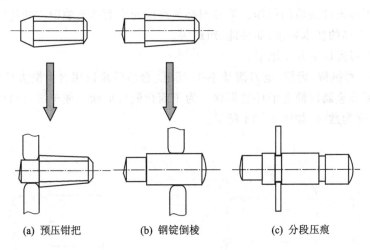

(a) 预压钳把　　　(b) 钢锭倒棱　　　(c) 分段压痕

图3-12　辅助工序

3. 修整工序

用以减少锻件表面缺陷而进行的工序(如校正、滚圆、平整等),如图3-13所示。

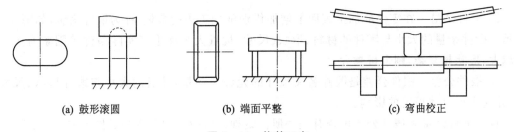

(a) 鼓形滚圆　　　(b) 端面平整　　　(c) 弯曲校正

图3-13　修整工序

3.3.2　自由锻工艺规程的制定

制定工艺规程、编写工艺卡片是进行自由锻生产必不可少的技术准备工作,是组织生产、规范操作、控制和检查产品质量的依据。制定工艺规程,必须结合生产条件、设备能力和技术水平等实际情况,力求技术上先进、经济上合理、操作上安全,以达到正确指导生产的目的。

自由锻的工艺规程的内容如下:

① 根据零件图绘制锻件图;
② 计算坯料的质量与尺寸;
③ 设计锻造工序、计算变形程度;
④ 选择锻造设备;
⑤ 确定锻造加热、冷却及热处理规范;
⑥ 锻件表面清理规范;
⑦ 确定锻件的理化检验规范;

⑧ 填写工艺规程卡片等。

1. 绘制自由锻件图

以零件图为基础,结合自由锻工艺特点绘制而成的图形,它是工艺规程的核心内容,是制定锻造工艺过程和锻件检验的依据。锻件图必须准确而全面地反映锻件的特殊内容,如圆角、斜度等,以及对产品的技术要求,如性能、组织等。

绘制时主要考虑以下几个因素:

① 敷 料 对键槽、齿槽、退刀槽及小孔、盲孔、台阶等难以用自由锻方法锻出的结构,必须暂时添加一部分金属以简化锻件的形状。为了简化锻件形状以便于进行自由锻造而增加的这一部分金属,称为敷料,如图 3-14 所示。

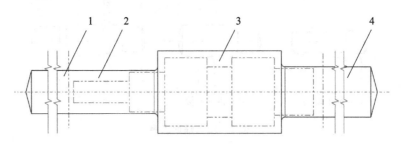

1—试样;2—余量;3—敷料;4—试样、热缓冲区或工艺夹头

图 3-14 锻件余量及敷料

② 锻件余量 在零件的加工表面上增加供切削加工用的余量,称为锻件余量,如图 3-14 所示。锻件余量的大小与零件的材料、形状、尺寸、批量大小和生产实际条件等因素有关。零件越大,形状越复杂,则余量越大。

③ 锻件公差 锻件公差是锻件名义尺寸的允许变动量,其值的大小与锻件形状、尺寸有关,并受生产具体情况的影响。

自由锻件余量和锻件公差可查有关手册。钢轴自由锻件的余量和锻件公差,见表 3-2。

表 3-2 钢轴自由锻件余量和锻件公差(双边)

零件长度/mm	零件直径/mm					
	<50	50~80	80~120	120~160	160~200	200~250
	锻件余量和锻件公差/mm					
<315	5±2	6±2	7±2	8±3	—	—
315~630	6±2	7±2	8±3	9±3	10±3	11±4
630~1 000	7±2	8±3	9±3	10±3	11±4	12±4
1 000~1 600	8±3	9±3	10±3	11±4	12±4	13±4

在锻件图上,锻件的外形用粗实线,如图 3-15 和图 3-16 所示。为了使操作者了解零件的形状和尺寸,在锻件图上用双点画线画出零件的主要轮廓形状,并在锻件尺寸线的上方标注锻件尺寸与公差,尺寸线下方用圆括弧标注出零件尺寸。对于大型锻件,还必须在同一个坯料上锻造出供性能检验用的试样来,该试样的形状与尺寸也在锻件图上表示。

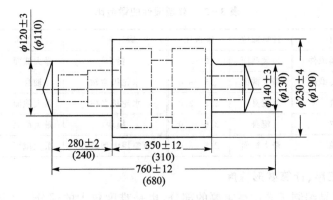

图 3-15 轴类锻件图

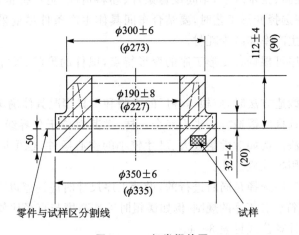

图 3-16 般类锻件图

2. 计算坯料质量与尺寸

(1) 确定坯料质量

自由锻所用坯料的质量为锻件的质量与锻造时各种金属消耗的质量之和,可由下式计算:

$$G_{坯料} = G_{锻件} + G_{烧损} + G_{料头}$$

式中：$G_{坯料}$——坯料质量,kg。

$G_{锻件}$——锻件质量,kg。

$G_{烧损}$——加热时坯料因表面氧化而烧损的质量,kg;第一次加热取被加热金属质量的 2%~3%,以后各次加热取 1.5%~2.0%。

$G_{料头}$——锻造过程中被冲掉或切掉的那部分金属的质量,kg;如冲孔时坯料中部的料芯,修切端部产生的料头等。

对于大型锻件,当采用钢锭作为坯料进行锻造时,还要考虑切掉的钢锭头部和尾部的质量。

(2) 确定坯料尺寸

根据塑性加工过程中体积不变原则和采用的基本工序类型(如拔长、镦粗等)的锻造比、高度与直径之比等计算出坯料横截面积、直径或边长等尺寸。

典型锻件的锻造比见表 3-3。

表 3-3 典型锻件的锻造比

锻件名称	计算部位	锻造比	锻件名称	计算部位	锻造比
碳素钢轴类锻件	最大截面	2.0～2.5	锤头	最大截面	≥2.5
合金钢轴类锻件	最大截面	2.5～3.0	水轮机主轴	轴身	≥2.5
热轧辊	辊身	2.5～3.0	水轮机立柱	最大截面	≥3.0
冷轧辊	辊身	3.5～5.0	模块	最大截面	≥3.0
齿轮轴	最大截面	2.5～3.0	航空用大型锻件	最大截面	6.0～8.0

3. 设计锻造工序、计算变形程度

设计锻造工序是编制工艺中最重要的部分,也是难度较大的部分。由于该工序影响的因素很多,例如工人的经验、技术水平,车间设备条件、坯料情况、生产批量,工具辅具情况,锻件的技术要求等,因此在选择变形工艺时,要结合车间具体生产条件尽量采用先进技术,以保证锻件的质量以及提高生产率和减少耗材。

各类锻件变形工序可根据各变形工序的变形特点,锻件的形状、尺寸、技术要求和参考有关典型工艺具体确定。

对具体工件确定锻造方法时,应根据各厂的经验和工具情况具体确定。因为对同一锻件,在同一车间不同工人选择的锻造方法也不完全一样,尤其对位于分界线上或其附近的空心锻件可能有几种锻造方法。例如对批量较大、尺寸较小的空心锻件,也可以采用胎模锻造;对环形件还可以在冲口后用扩孔机扩孔。

工序尺寸设计和工序选择是同时进行的,设计工序尺寸时应注意以下几点:

① 工序尺寸必须符合各工序的规则,例如镦粗时毛坯高度与直径比值应小于 2.5～3 mm。拔长时截面变换经验计算公式见表 3-4。

② 必须估计到各工序中毛坯尺寸的变化,例如冲孔时毛坯高度有些减小,扩孔时高度有些增加等。

③ 必须保证各部分有足够的体积,这在使用分锻工序(压痕、压肩)时必须估计到。

④ 多火次锻打时必须注意中间各火次加热的可能性。

⑤ 必须保证在最后修光时有足够的修整留量,因为在压肩、错移、冲孔等工序中毛坯上有拉缩现象,所以必须在中间工序中留有一定的修整留量。

⑥ 有些长轴类零件长度方向尺寸要求很准确,但沿长度方向又不允许进行镦粗(例如曲轴等),设计工序尺寸时,必须估计到长度方向的尺寸在修整时会略有延伸的情况。

表 3-4 拔长过程坯料截面变换经验计算公式

截面变换内容	变形简图	计算公式
由圆变方		当 $L=b$ 时,$D=(1.35～1.45)A$。其中,L 表示送进量,b 表示砧宽

续表 3-4

截面变换内容	变形简图	计算公式
由方变圆		$A = (0.88 - 1.0)D$
由圆变扁方		① 当 $H < 0.5B$ 时,$D = (2B+H)/3$; ② 当 $H \geq 0.5B$ 时,$D = \sqrt{H^2 + B^2}$
由方变扁方		$A \geq 1.5H(\sqrt{1 + 1.8\dfrac{B}{H}} - 1)$
由八角变圆		$D = 1.03C$
由扁方变方		$\dfrac{b}{H} \geq 1 \sim 1.4$ 时,$B = (1.4 \sim 1.65)A$,其中,$H = (0.75 \sim 0.8)A$,b 表示砧宽;H 表示锻件宽

典型锻件的锻造变形工序如图 3-17～图 3-22 所示。

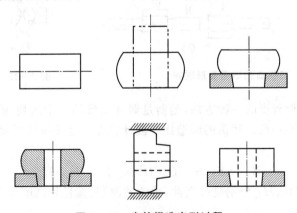

图 3-17 齿轮锻造变形过程

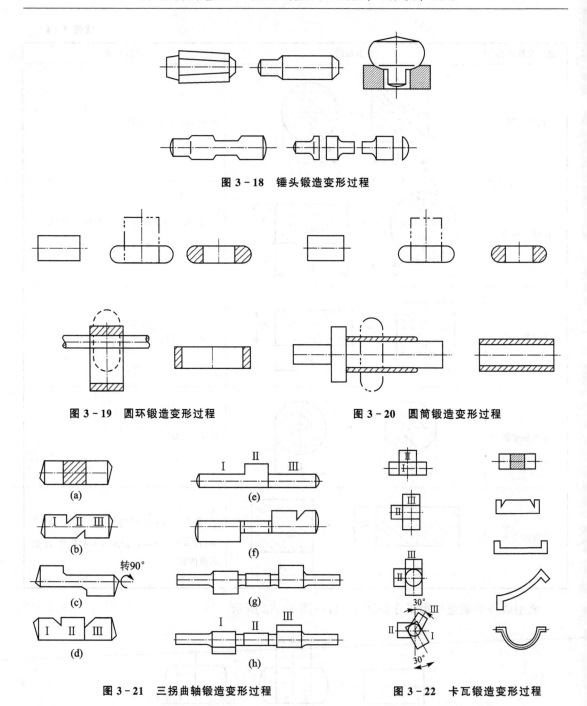

图 3-18 锤头锻造变形过程

图 3-19 圆环锻造变形过程

图 3-20 圆筒锻造变形过程

图 3-21 三拐曲轴锻造变形过程

图 3-22 卡瓦锻造变形过程

锻造比是表示变形程度的一种方法,是衡量锻件质量的一个重要指标。锻造比的计算方法,各国家、各行业均不一致。我国的锻造比一般计算方法是按拔长或镦粗前后锻件的截面比或高度比计算,即

$$K_L = S_0/S = D_0^2/D_1^2 \text{ 或 } K_L = H_0/H_1$$

其中,S_0、S、D_0、D_1、H_0、H_1 分别是锻造前、后的截面积、直径和高度。

如果采用两次镦粗、拔长,或者两次镦粗间有拔长时,按总锻造比等于两次分锻造比之和计算,即

$$K_{L总} = K_{L1} + K_{L2}$$

如果是连续拔长或镦粗,按总锻造比等于两次分锻造比之积计算,即

$$K_{L总} = K_{L1} \times K_{L2}$$

我国大锻件行业常用的锻造比计算方法见表3-5。

表3-5 锻造比的计算方法

序号	锻造工序	变形简图	工序锻造比
1	钢锭或坯料拔长		$K_L = \dfrac{D_1^2}{D_2^2}$
2	拔长—镦粗—拔长或镦粗—拔长—镦粗		$K_L = K_{L1} + K_{L2} = \dfrac{D_1^2}{D_2^2} + \dfrac{D_3^2}{D_4^2} = \dfrac{l_2}{l_1} + \dfrac{l_4}{l_3}$ 或 $K_L = K_{N1} + K_{N2} = \dfrac{l_0}{l_1} + \dfrac{l_2}{l_3}$
3	芯轴拔长		$K_L = \dfrac{D_0^2 - d_0^2}{D_1^2 - d_1^2} = \dfrac{l_1}{l_0}$
4	马杠扩孔		$K_L = \dfrac{D_0 - d_0}{D_1 - d_1} = \dfrac{l_0}{l_1}$
5	镦粗		轮缘:$K_H = \dfrac{H_0}{H_1}$ 轮毂:$K_H = \dfrac{H_0}{H_2}$

注:
① 钢锭开坯倒棱锻造比不计入总锻比。
② 连续拔长或连续镦粗,总锻造比等于工序锻比的乘积,即 $K = K_{L1} K_{L2} K_{L3} \cdots$,$K = K_{N1} K_{N2} K_{N3} \cdots$。
③ 两次拔长之间有镦粗或两次镦粗之间有拔长,总锻造比等于两次拔长(或镦粗)工序锻造比之和,$K_L = K_{L1} + K_{L2}$ 或 $K_L = K_{N1} + K_{N2}$ 并且要求工序锻造比 $K_{L1}, K_{L2}, K_{N1}, K_{N2} \geqslant 2$。

锻造比大小反映了锻造对锻件组织和力学性能的影响。由于内部孔隙焊合,铸态树枝晶被打碎,锻造比增大,锻件的纵向和横向的力学性能均得到明显提高。锻造比超过一定数值后,由于形成纤维组织,横向力学性能(塑性、韧性)急剧下降,导致锻件出现各向异性。因此制定锻造工艺规程时,应合理地选择锻造比的大小。

用钢材锻制的锻件(莱氏体钢锻件除外),经过了大变形的锻或轧,其组织和性能已得到改善,一般不需要考虑锻造比;用钢锭(包括有色金属铸锭)锻制的大型锻件,必须考虑锻造比,其锻造比可参考表3-6选用。零件技术条件有锻造比要求的,则以技术条件要求选择锻造比;如零件技术条件没有要求锻造比,则应根据零件的化学成分、零件受力情况,以及所用钢锭大小等因素综合考虑。

表3-6 典型锻件的锻造比

锻件名称	计算部位	总锻造比	锻件名称	计算部位	总锻造比
碳素钢轴 合金钢轴	最大截面	2.0~2.5 2.5~3.0	模块	最大截面	≥3.0
热轧辊 冷轧辊	辊身	2.5~3.0 3.5~5.0	汽轮机转子 发电机转子	轴身	3.5~6.0
船用轴	法兰 轴身	≥1.5 ≥3.0	汽轮机叶轮 涡轮盘	轮毂 轮缘	4.0~6.0 6.0~8.0
水轮机空心轴	法兰 轴身	≥1.5 ≥2.5	航空用大锻件	最大截面	6.0~8.0
曲轴	曲拐 轴颈	≥2.0 ≥3.0	—	—	—

一般情况下,合金结构钢比碳素结构钢钢锭的铸造缺陷严重,所需锻造比应大些。如拔长5 t、15 t和30 t以上的钢锭时,碳素结构钢锻件的最佳锻造比相应为2、2.5、3,而合金结构钢锻件的最佳锻造比为3~4。

对一般结构钢锻件,当零件受力方向与纤维方向不一致时,为了保证锻件的横向性能,避免产生各向异性,应取锻造比2~2.5。当零件受力方向与纤维方向一致时,为使纵向力学性能提高,可将锻造比选取为4。对于一些重要零件(如航空锻件、高合金锻件),为了充分破碎铸态组织,获得较高的综合机械性能,常用镦粗-拔长联合工艺,锻造比要求达到6~8。

4. 选择锻造设备

根据作用在坯料上力的性质,自由锻设备分为锻锤和液压机两大类。锻锤产生冲击力使金属坯料变形。锻锤的吨位是以落下部分的质量来表示的。生产中常使用的锻锤是空气锤和蒸汽-空气锤。空气锤利用电动机带动活塞产生压缩空气,使锤头上下往复运动进行锤击。它的特点是结构简单,操作方便,维护容易,但吨位较小,只能用来锻造100 kg以下的小型锻件。蒸汽-空气锤采用蒸汽和压缩空气作为动力,其吨位稍大,可用来生产质量小于1 500 kg的锻件,如图3-23所示。

液压机产生静压力使金属坯料变形。目前大型水压机可达万吨以上,能锻造300 t的锻件。由于静压力作用时间长,容易达到较大的锻透深度,故液压机锻造可获得整个断面为细晶粒组织的锻件。液压机是大型锻件的唯一成形设备,大型先进液压机的生产常标志着一个国

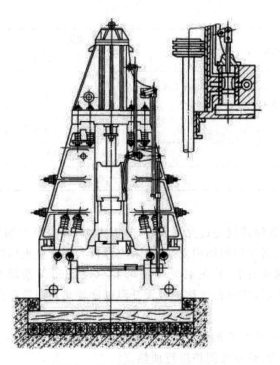

图 3-23 蒸汽-空气锤示意图

家工业技术水平发达的程度。另外,液压机工作平稳,金属变形过程中无振动,噪声小,劳动条件较好。但液压机设备庞大、造价高。

自由锻设备的选择应根据锻件大小、质量、形状及锻造基本工序等因素,并结合生产实际条件来确定。例如,用铸锭或大截面毛坯作为大型锻件的坯料,可能需要多次镦、拔操作,在锻锤上操作比较困难,并且心部不易锻透,而在水压机上因其行程较大,下砧可前后移动,镦粗时可换用镦粗平台,所以大多数大型锻件都在水压机上生产。

5. 确定锻造加热、冷却及热处理规范

(1) 锻造加热规范

合理的锻前加热,不仅能改善锻压成形过程,防止裂纹、过烧、温度不均匀等缺陷,而且对提高锻件组织性能有重要的影响。

常用钢料的锻造温度范围包括最高加热温度及终锻温度。钢料的锻造温度范围一般按钢的化学成分选定,见表3-7。但合理的锻造温度还应该考虑工厂具体的生产条件(如钢锭的冶金质量、加热设备性能、锻后热处理技术等)、锻件技术要求和大型锻造特点等因素进行适当的调整。重要的特殊钢锻件往往要求制定专门的加热制度。

表3-7 部分金属材料的锻造温度范围

材料类型	锻造温度/℃		保温时间/(min·mm^{-1})
	始 锻	终 锻	
10、15、20、25、30、35、40、45、50	1 200	800	0.25~0.7
15CrA、16Cr2MnTiA、38CrA、20MnA、20CrMnTiA	1 200	800	0.3~0.8

续表 3-7

材料类型	锻造温度/℃		保温时间/(min·mm^{-1})
	始锻	终锻	
12CrNi3A、12CrNi4A、38CrMoAlA、25CrMnNiTiA、30CrMnSiA、50CrVA、18Cr2Ni4WA、20CrNi3A	1 180	850	0.3～0.8
40CrMnA	1 150	800	0.3～0.8
铜合金	800～900	650～700	—
铝合金	450～500	350～380	—

1) 冷钢锭加热

冷钢锭塑性低,当加热速度超过允许值时,热应力大,容易产生加热裂纹。对于大型钢锭应限速升温、分段加热;对于组织结构复杂、残余应力较大的合金钢钢锭,应采用低温装炉。冷钢锭应以允许的加热速度升温,并在 400～600 ℃和 700～850 ℃阶段保温,以防加热时钢锭脆性开裂。进入塑性状态后,方可按加热炉最大升温速度加热至锻造温度。

2) 热钢锭加热

表面温度高于 550～600 ℃的钢锭称为热钢锭。热钢锭处于高温、高塑性状态,可以高温装炉,快速加热。严禁冷、热钢锭同炉进行加热。

为了配炉,不同钢号、不同规格的钢锭同炉加热时,应按最低的温度、最长的加热时间,制定加热规范。其中,始锻温度低、保温时间较短者,可出炉锻造,其余可适当延长保温时间。

3) 高温保温时间

无论是冷锭还是热锭,加热至锻造温度后,都应保温一定的时间,以达到均匀、热透和高温扩散的目的。

4) 坯料重复加热的规定

锻件锻造过程中需要重复加热时,其加热温度应根据剩余锻造比(K)确定。当 $K \geqslant 1.5$ 时,可加热至最高温度,并正常保温。当 $K < 1.5$ 时,则应降低加热温度(1 050 ℃)或装入高温炉保温,但保温时间应比正常减少 1/3,以防工步变形小,锻件晶粒粗化。如果锻后热处理可矫正锻件粗晶组织,也可不考虑工步锻造比对加热粗晶的影响。

具体的锻件加热规范的制定可参考 JB/T6052《钢质自由锻件加热通用技术条件》。

随着钢锭冶金质量的提高和锻压、热处理技术的进步,大锻件加热工艺的发展趋势是提高加热温度、扩大锻压温度范围、缩短加热时间、节省燃料消耗、提高生产效率。因而,现有的加热制度,将会不断进行调整和修订。

(2) 锻件冷却及热处理规范

锻件锻后冷却和热处理方式包括锻后冷却、退火(低温退火、中间退火、完全退火、等温退火等)、正火及回火、调质、等温冷却及起伏等温退火等。

锻件冷却和热处理规范是根据钢的化学成分、传热截面尺寸、锻件技术要求并考虑白点敏感性及回火脆性倾向而制定的。

常用钢锭锻制锻件的冷却方式见表 3-8。

表 3-8 常用钢锭锻制锻件的冷却方式

钢 号	锻件有效截面最大尺寸/mm			
	≤50	51～100	101～400	401～500
15～30	空冷	空冷	空冷	坑冷
35～45	空冷	空冷	炉冷	坑冷
55Cr、55Mn2、35CrMo、20MnMo、35CrMnSi、T8、38SiMnMo、60Si2	炉冷	炉冷	炉冷	炉冷
GCr15、8Cr2、5CrMnMo、60CrNi	炉冷	炉冷	炉冷	炉冷

常用轧材、锻坯锻制的锻件锻后冷却方法见表 3-9。

表 3-9 轧材、锻坯锻制的锻件锻后冷却方法

材 质	锻件截面尺寸/mm				
	<50	51～100	101～150	151～200	201～300
A0～A7、Q185～Q275、Q285～Q460、15MnTi、10～70、15CrMn～60Mn、15Cr～30Cr	空冷	空冷	空冷	空冷	空冷
35Cr～50Cr、60Si2Mn、65Mn～70Mn、20Mn2～50Mn2、35CrMn、30CrMo、35CrMo、42CrMo、35SiMn、34CrMo1A、25SiMn2MoV、25Cr2MoVA、25Cr2Mo1VA、20CrNi～50CrNi、12Cr1MoV、12Cr3MoA、12CrNi3、12Cr2Ni4、20Crni3、20Cr2Ni4A、25Cr2MoVA、20CrMn～50CrMn、20CrMo、30CrNi3、21/4Cr-1Mo、20CrNiMo、20Cr3NiMoA、20CrMnMo、18CrMnTi、18CrMnMo、40Cr2MoV、40CrMnMo、40CrNiMoA、8630、4040、4340、A4345、A4145、18MnMoNb、40MnB、14CrMnMoVB、Cr5Mo、38CrMoAl	空冷	空冷	空冷	堆冷	坑冷
CrMn、CrWMn、8CrSi、MnCrWV、8CrSi2、3Cr2W8V	空冷	700℃前在空气中冷却然后入保温坑冷却		炉冷	炉冷
5CrNiMo、5CrMnMo、4Cr5MoSiV1（H13）	空冷	坑冷	炉冷	炉冷	炉冷
W18Cr4V、W6Mo5Cr4V2、6W6Mo5Cr4V、65Nb、Cr12、Cr12MoV	炉冷	炉冷	炉冷	炉冷	炉冷

锻件的热处理规范，主要依据锻件技术要求而制定，常见材料的锻后热处理方法见表 3-10。

表 3-10 常见材料锻后热处理方法

序号	热处理方法	锻件钢号
1	正火	35、40、45、50、55、60、A5、A6、A7、15Mn～40Mn、20CrNi～40CrNi、12CrNi2、12CrNi3、12CrNi4、20CrNi2、20CrNi4、30Cr～50Cr、20CrMo、35CrMo、42CrMo、20CrMn～40CrMn、18CrMnTi、18CrMnMo、40CrMnMo、35SiMn、20CrMoV、35CrMoV、25Cr2MoV、45Mn2、50Mn2、Cr5Mo、50Mn

续表 3-10

序　号	热处理方法	锻件钢号
2	退火	65、70、60Mn～70Mn、T7～T13、5CrMnMo、5CrNiMo、5CrNiW、5CrNiSi、5CrWMn、5CrNiTi、7Cr3、8Cr3、Cr、CrMn、CrWMn、Cr12、Cr12Mo、W8Cr4V、W18Cr4V、8CrSi、55SiMn、60SiMn、55SiMn、60SiMn、55Si、15CrMoV、GCr6、GCr8、GCr15、GCr15SiMn
3	固溶	0Cr18Ni8、1Cr18Ni8、2Cr18Ni8、1Cr18Ni8Ti、Cr18Ni12Mo2Ti、Cr18Ni12Mo3Ti
4	不处理	A0～A4、08～30、15Cr

6．锻件表面清理规范

（1）清理的目的

生产过程中，由于毛坯加热、锻造和锻后热处理时被氧化和损伤，锻件表面会形成氧化皮、缺陷或存在油污、润滑剂等残留物，这些都必须通过清理加以清除。清理的目的如下：

① 提高锻件表面质量，保证后续工步的顺利进行。对于需要冷校正或锻件本身不便加工的锻件，为了避免氧化皮压入锻件或影响锻件精度和表面粗糙度，必须进行表面清理。

② 改善锻件切削加工条件。

③ 显露锻件表面缺陷（如折叠、裂纹、凹坑等），以便消除这些缺陷。

锻件和毛坯的清理包括热毛坯、冷锻件、冷毛坯、锻件或毛坯的局部表面缺陷清理等。

（2）热毛坯的清理

锻造前清理热毛坯的氧化皮，除了锻工常用的轻镦一下清除部分氧化皮的简单方法外，还有以下三种专门的清理方法。

① 手工清理和机械清理。

② 高压水清理。

③ 水中放电清理。

（3）冷锻件或冷毛坯的清理

除挤压铝棒表层的粗晶环和钛合金毛坯表面的污染层外，冷锻件或冷毛坯均可采用多种方法进行清理，如滚筒清理、振动光饰、吹砂（喷丸）、抛丸、化学清理等。

（4）锻件局部表面缺陷的清理

锻件生产过程中，由于各种原因，在原始毛坯或中间毛坯或锻件上，都可能有一些局部表面缺陷，例如裂纹、折叠、拉伤、起皮、残余毛刺等。

局部表面缺陷常用打磨、风铲和火焰切割等方法清除。

7．确定锻件的理化检验规范

理化检验主要包括材料的金相检测、化学成分分析、晶粒度评定、非金属物夹杂评定、机械性能检验、抗 H_2S 腐蚀开裂评定等。

理化检验规范以及验收标准的确定主要依据技术图纸要求、技术规范规定或相关标准要求，按照一定的标准规定检验并验收。相关标准要求在检验规范中明确检验项目以及检验方法和验收标准等。

3.4 模 锻

在模锻设备上,利用高强度锻模,使金属坯料在模膛内受压产生塑性变形,而获得所需形状、尺寸以及内部质量锻件的加工方法称为模锻。在变形过程中由于模膛对金属坯料流动的限制,因而锻造终了时可获得与模膛形状相符的模锻件。

与自由锻相比,模锻具有如下优点:
① 生产效率较高。模锻时,金属的变形在模膛内进行,故能较快地获得所需形状。
② 能锻造形状复杂的锻件,并可使金属流线分布更为合理,提高零件的使用寿命。
③ 模锻件的尺寸较精确,表面质量较好,加工余量较小。
④ 节省金属材料,减少切削加工工作量。在批量足够的条件下,能降低零件成本。
⑤ 模锻操作简单,劳动强度低。

但模锻生产受模锻设备吨位限制,模锻件的质量一般在 150 kg 以下。模锻设备投资较大,模具费用较昂贵,工艺灵活性较差,生产准备周期较长。因此,模锻适合于小型锻件的大批量生产,不适合单件小批量生产以及中、大型锻件的生产。

模锻设备包括:锤上模锻、压力机上模锻和胎模锻。

3.4.1 锻模结构对金属变形的影响

金属在模具中的变形、受力及流动是锻件顺利成形的重要因素。为了使模锻成形顺利进行,锻模设计时,必须注意如下几个方面:

① 控制锻件的最终形状和尺寸　为了保证锻件的形状和尺寸精度,设计热锻锻模结构时应考虑锻件和模具的热收缩,设计精密模锻件还须考虑模具的弹性变形。弯曲连杆锻造过程如图 3-24 所示。

② 控制金属的变形方向　根据金属塑性成形理论,塑性变形时金属主要朝最大主应力的方向流动。在三向压应力的情况下,金属主要朝最小阻力方向流动。因此,对于一个待加工的锻件,通过设计不同的制坯工步如拔长、滚挤、弯曲、预锻等可控制金属的变形方向,进而完成对坯料的塑性加工。

③ 改变变形区的应力场　变形体内的应力场是在外力作用下产生的,一般外力通过模具施加在坯料上,坯料变形的反作用力也由模具承受。合理的模具设计还应使锻件变形时的流动阻力尽量小,使模具所承受的载荷分布均匀,降低峰值应力。

④ 提高金属的塑性　金属的塑性与应力状态有很大关系,压应力个数越多,静水压力数值越大,材料的塑性越好。封闭的模膛使金属在终锻最后阶段处于三向压应力状态,故材料的塑性好。

⑤ 控制坯料失稳,提高成形极限　细长杆在受压时可能会由于塑性失稳而弯曲,从而形成折叠。为控制顶镦时杆件失稳,要求模孔直径 $D=(1.25\sim1.50)D_0$(D_0 为坯料直径),这样可依靠模膛内壁限制弯曲的发展,避免折叠产生。

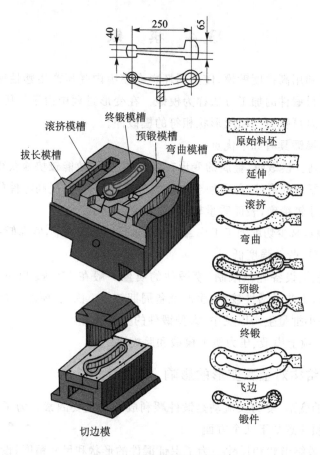

图 3-24 弯曲连杆锻造过程

3.4.2 开式模锻

开式模锻是变形金属的流动不完全受模腔限制的一种锻造方式。开式模锻时,上模和下模的间隙不断变小,多余的金属沿垂直于作用力方向流动形成毛边。随着作用力的增大,毛边变薄。从坯料开始接触模具到上下模打靠,锻造坯料最大外廓始终敞开,即飞边的仓部未完全充满,如图 3-25 所示。

1. 开式模锻成形过程

开式模锻的成形过程大体分为锻粗阶段、充满模膛阶段和打靠阶段三个阶段。每个阶段成形中的金属流动是不同的,如图 3-26 所示。开式模锻成形过程中,锻造力随着成形过程不断增加,锻造力行程曲线如图 3-27 所示。

(1) 锻粗阶段

锻粗阶段是开式模锻的第一阶段,压下量为 ΔH_1,模锻力为 P_1(见图 3-27)。此时整个坯料都产生变形,坯料内部近似存在分流面。分流面外的坯料金属流向法兰部分,分流面内的金属流向凸台部分。

(2) 充满模膛阶段

充满模膛阶段是开式模锻的第二阶段,压下量为 ΔH_2,模锻力为 P_2(见图 3-27)。这时

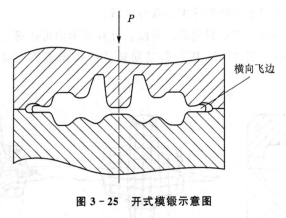

图 3-25 开式模锻示意图

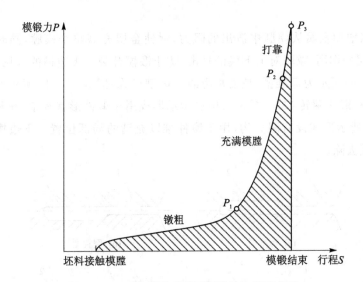

(a) 锻粗阶段　　　　　　(b) 充满模膛阶段　　　　　　(c) 打靠阶段

图 3-26 开式模锻成形过程的金属流动

图 3-27 开式模锻成形过程锻造力行程曲线

下模膛已经充满,凸台部分尚未充满,金属开始流入飞边槽。随着桥部金属变薄,金属流入飞边的阻力增大,迫使金属流向凸台和角部,直至完全充满模膛,变形区仍然遍布整个坯料。

(3) 打靠阶段

打靠阶段是开式模锻的第三阶段,压下量为 ΔH_3,模锻力为 P_3(见图 3-27)。此时金属已完全充满模膛,但上、下模面尚未打靠(锤上模锻结束时要打靠),多余金属挤入飞边槽,锻造变形力急剧上升,变形区缩小为模锻件中心部分区域。

研究锻件的成形问题时,主要研究第二阶段。计算变形力可按第三阶段的变形区域考虑,希望第三阶段尽可能小。图 3-28 所示是某回转体锻件模锻第二阶段子午面的网格变化情况。

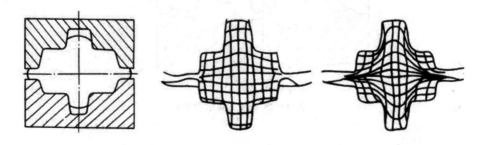

图 3-28　某回转体锻件模锻第二阶段子午面的网格变化

2. 开式模锻时影响金属成形的主要因素

① 变形金属与模壁间的摩擦系数。
② 模壁斜度。模壁斜度越大,挤压力越大。
③ 圆角半径。圆角半径,越小,越不易充满。
④ 模膛的宽度和深度。模膛越窄越深,越不易充满。
⑤ 模具温度。模具温度越低,越不易充满,一般预热模具到 200～300 ℃。

3. 飞边槽

飞边槽用以增加金属从模膛中流出的阻力,促使金属充满整个模膛,同时容纳多余的金属,还可以起到缓冲作用,减弱对上下模的打击,防止锻模开裂。飞边槽的常见形式如图 3-29 所示。图 3-29(a)所示为标准型,是最常用的飞边槽形式;图 3-29(b)所示形式用于不对称锻件,切边时须将锻件翻转 180°;图 3-29(c)所示形成用于锻件形状复杂,坯料体积偏大的情况;图 3-29(d)所示形式设有阻力沟,用于锻件难以充满的局部位置。飞边槽在锻后利用压力机上的切边模去除。

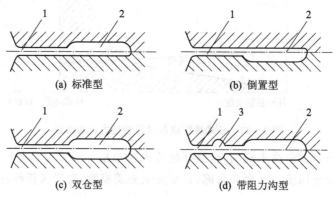

1—桥部;2—仓部;3—阻力沟

图 3-29　飞边槽形式

飞边槽桥部的主要作用是阻止金属外流,迫使金属充满模膛。较薄的飞边槽桥部,也有利于飞边在后续工序中被切除。飞边槽仓部的主要作用是容纳多余金属,以免金属流到分模面上,影响上下模具打靠。

设计飞边槽时,要是合理确定飞边槽桥部宽度和高度。为了保证金属充满模膛,一般要求飞边槽桥部阻力大一些。但阻力过大,会使模锻成形的变形功和变形力变大,造成模锻锤因打击能量不足而上下模不能打靠,热模锻压力机则可能发生超载"闷车"。因此,飞边槽要根据模膛充填的难易程度设计。模膛易充满时,宽度与高度的比值取小些,反之,应取大些。

模锻时飞边材料占锻件质量的比例与锻件形状有关,一般为20%～30%,造成大量浪费。可以改变分模面的位置,把飞边设计在变形较困难的端部,如图3-30所示。

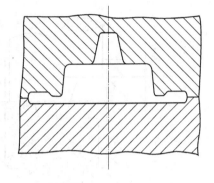

图3-30 飞边位置的设计

4. 设备工作速度的影响

设备工作速度高时,金属变形速度快,金属变形的惯性和变形热效应突出。由于温度较高,氧化皮软化,摩擦系数有所降低,这时的氧化皮在某种程度上具有润滑剂的功能。模锻时正确利用这些因素,有助于金属充填模膛,得到外形复杂、尺寸精确的锻件。锤上锻造时,变形金属具有很高的变形速度,在模具停止运动瞬时,变形金属仍可依靠变形惯性继续充填模膛。

3.4.3 闭式模锻

开式模锻时飞边材料造成大量浪费。为减少材料浪费,提高材料利用率,出现了闭式模锻,如图3-31所示。闭式模锻即无飞边模锻。变形过程中,金属始终被封闭在型腔内不能排出,迫使金属充满型腔而不形成毛边。闭式模锻上下模间隙很小,金属流入间隙的阻力大,但在下料不准确或模锻操作不当时,也会产生微量的纵向毛刺。

1. 闭式模锻的主要特点

(1) 闭式模锻主要优点

① 减少飞边材料的损耗;

② 节省切边设备;

③ 有利于金属充满型膛,有利于进行精密模锻;

④ 闭式模锻的金属处于三向压应力状态,有利于低塑性材料的成形。

闭式模锻适用于轴对称变形或近似轴对称变形的锻件,目前应用最多的是短轴线类的回转体锻件。

(2) 采用闭式模锻工艺过程的必要条件

① 坯料体积准确;

② 坯料形状合理并且能够在模膛内准确定位;

③ 设备的打击能量或打击力可以控制;

④ 设备上有顶出装置。

2. 闭式模锻的变形过程

闭式模锻过程可分基本成形阶段、充满阶段和形成纵向飞边阶段三个阶段,如图 3-31 所示。

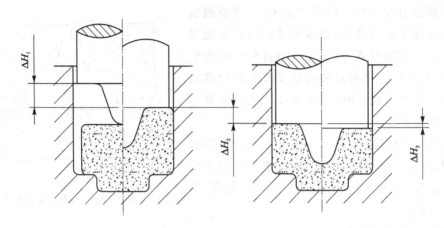

图 3-31 闭式模锻示意图

(1) 基本成形阶段

上模的压下量为 ΔH_1,由上模与坯料接触,坯料开始变形到坯料与模膛侧壁接触为止,此阶段变形力增加相对较慢。

(2) 充满阶段

上模的压下量为 ΔH_2,由基本成形阶段结束到金属基本充满模膛为止,此阶段的变形力比基本成形阶段增大 2~3 倍,但 ΔH_2 很小。

(3) 形成纵向飞边阶段

上模的压下量为 ΔH_3。坯料基本上已成为不变形的刚体,只有在极大的模锻力作用下才能使端部的金属产生变形,形成纵向飞刺。飞刺越薄、越高,模锻力 F 越大,模膛侧壁所受的压力也越大。

这个阶段的变形对闭式模锻有害无益,是不希望出现的。它不仅影响模具寿命,而且容易产生过大的纵向飞边。

3. 闭式模锻影响金属成形的主要因素

(1) 坯料体积和模膛体积间的偏差对锻件尺寸的影响

闭式模锻时,忽略纵向飞刺的材料消耗。如果坯料的体积和模膛体积之间有偏差,将使锻件高度尺寸发生的变化。

对于一定形状的锻件,坯料的体积和模膛体积之间的偏差对高度偏差的影响有:①实际坯料体积的变化,坯料直径和下料长度的公差变化,烧损量的变化,实际锻造温度的变化等;②模膛体积的变化,由于模膛磨损、设备和模具因工作载荷变化引起的弹性变形量、锻模温度的变化等。

(2) 模锻载荷对成形品质的影响

打击能量和模锻力的性质、载荷大小、坯料体积情况和有无限制行程装置直接影响闭式模锻成形的锻件质量,影响情况见表 3-11。

表 3-11 模锻载荷对成形品质的影响

载荷性质	载荷情况	坯料体积情况	成形情况	
			无限制行程装置	有限制行程装置
冲击载荷	打击能量过大	大	产生飞刺	产生飞刺
		合适		成形良好
		小		充不满
	打击能量合适	大	成形良好,锻件偏高	
		合适	成形良好,锻件符合要求	
		小	成形良好,锻件偏低	充不满
	打击能量过小	大	充不满	
		合适		
		小		
可控静载荷	模压力过大	大	产生飞刺	产生飞刺
		合适		成形良好
		小		充不满
	模压力合适	大	成形良好,锻件偏高	
		合适	成形良好,锻件符合要求	
		小	成形良好,锻件偏低	充不满
	模压力过小	大	充不满	
		合适		
		小		

（3）锻压设备的影响

液压机和平锻机闭式模锻一般不产生飞边,在合理选用设备吨位的条件下,可以靠控制压力大小使变形过程在产生飞边之前结束。

3.4.4 锤上模锻

锤上模锻即在模锻锤上的模锻。模锻锤的打击能量可在操作中调整,能够实现轻重缓急打击。锤上模锻用的模块都比较大,这是由锻锤的冲击作用性质所决定的。锻锤打击能量来自运动的落下部分,模锻时每道工步都需要一次或多次锤击,尤其是终锻工步,锤击最为猛烈,模块尺寸要求大,以保证足够的承击面。

对于复杂零件,为了使坯料基本接近模锻件的形状,可先将毛坯料在制坯模膛内制坯,再用模锻模膛进行模锻。

1. 锤上模锻的工艺特点

锤上模锻是将上模固定在锤头上,下模紧固在模垫上,通过随锤头做上下往复运动的上模,对置于下模中的金属坯料施以直接锻击,来获取锻件的锻造方法。

锤上模锻的工艺特点如下:

① 金属在模膛中是在一定速度下，经过多次连续锤击而逐步成形的。
② 锤头的行程、打击速度均可调节，能实现轻重不同的打击，因而可进行制坯工作。
③ 由于惯性作用，金属在上模模膛中具有更好的充填效果。
④ 锤上模锻的适应性广，可生产多种类型的锻件，可以单膛模锻，也可以多膛模锻。

由于锤上模锻打击速度较快，对变形速度较敏感的低塑性材料（如镁合金等）进行锤上模锻，不如在压力机上模锻的效果好。

2. 锤上模锻的锻模结构

锻模结构如图 3-32 所示，锤上模锻用的锻模由带燕尾的上模和下模两部分组成，上、下模通过燕尾和楔铁分别紧固在锤头和模垫上，上、下模合在一起在内部形成完整的模膛。

模锻模膛分为：制坯模膛和模锻模膛。

（1）制坯模膛

制坯模膛主要有拔长模膛、滚挤模膛、弯曲模膛和切断模膛等。

1）拔长模膛

拔长模膛用来减小坯料某部分的横截面积，以增加该部分的长度。当模锻件沿轴向横截面积相差较大时，常采用这种模膛进行拔长。拔长模膛分为开式和闭式两种。

2）滚挤模膛

在坯料长度基本不变的前提下用它来减小坯料某部分的横截面积，以增大另一部分的横截面积。

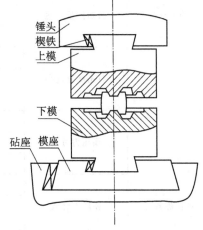

图 3-32 锻模结构

滚压模膛分为开式和闭式两种。当模锻件沿轴线的横截面积相差不很大或对拔长后的毛坯作修整时，采用开式滚压模膛。当模锻件的截面相差较大时，则应采用闭式滚压模膛。滚压操作时须不断翻转坯料，但不做送进运动。

3）弯曲模膛

对于弯曲的杆类模锻件，须采用弯曲模膛来弯曲坯料。坯料可直接或先经其他制坯工步后放入弯曲模膛进行弯曲变形。弯曲后的坯料须翻转 90° 再放入模锻模膛中成形。

4）切断模膛

切断模膛是在上模与下模的角部组成的一对刃口，用于切断金属。单件锻造时，用它从坯料上切下锻件或从锻件上切下钳口；多件锻造时，切断模膛用来分离成单个锻件。

此外，还有成形模膛、镦粗台及击扁面等制坯模膛。

（2）模锻模膛

模锻模膛包括预锻模膛和终锻模膛。所有模锻件都要使用终锻模膛，预锻模膛则要根据实际情况确定是否采用。

1）终锻模膛

终锻模膛使金属坯料最终变形到所要求的形状与尺寸。由于模锻需要加热后进行，锻件冷却后尺寸会有所缩减，所以终锻模膛的尺寸应比实际锻件尺寸放大一个收缩量，对于钢锻件收缩量可取 1.5%。

2) 预锻模膛

用于预锻的模膛称为预锻模膛。终锻时常见的缺陷有折叠和充不满等,工字型截面锻件的折叠如图 3-33 所示。这些缺陷都是由于终锻时金属不合理的变形流动或变形阻力太大引起的。为此,对于外形较为复杂的锻件,常采用预锻工步,使坯料先变形到接近锻件的外形与尺寸,以便合理分配坯料各部分的体积,避免折叠的产生,并有利于金属的流动,易于充满模膛,同时可减小终锻模膛的磨损,延长锻模的寿命。预锻模膛和终锻模膛的主要区别是前者的圆角和模锻斜度较大,高度较大,一般不设飞边槽。只有当锻件形状复杂、成形困难,且批量较大时,设置预锻模膛才是合理的。

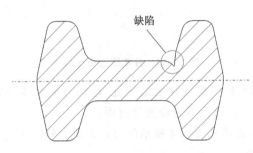

图 3-33 工字型截面锻件的缺陷

根据模锻件的复杂程度不同,所需的模膛数量不等,可将锻模设计成单膛锻模或多膛锻模。

3.4.5 锤上模锻工艺规程的制定

锤上模锻工艺规程的制定主要包括绘制模锻件图,计算坯料尺寸,确定模锻工步,选择锻造设备,确定锻造温度范围等。

1. 绘制模锻件图

模锻件图是设计和制造锻模、计算坯料及检验模锻件的依据。根据零件图绘制模锻件图时,应考虑以下几个方面。

(1) 分模面

分模面是上下锻模的分界面。分模面的选择应按以下原则进行:

① 要保证模锻件能从模膛中顺利取出,并使锻件形状尽可能与零件形状相同,一般分模面应选在模锻件最大水平投影尺寸的截面上。如图 3-34 所示,若选 $a-a$ 面为分模面,则无法从模膛中取出锻件。

② 按选定的分模面制成锻模后,应使上下模沿分模面的模膛轮廓一致,以免在安装锻模和生产中发生错模现象。如图 3-34 所示,若选 $c-c$ 面为分模面,就不符合此原则。

③ 最好使分模面为一个平面,并使上下锻模的模膛深度基本一致,差别不宜过大,以便于均匀充型。

④ 选定的分模面应使零件上所加的敷料最少,如图 3-34 所示。若将 $b-b$ 面作分模面,零件中间的孔不能锻出,其敷料最多,既浪费金属,降低了材料的利用率,又增加了切削加工工作量,所以该面不宜选作分模面。

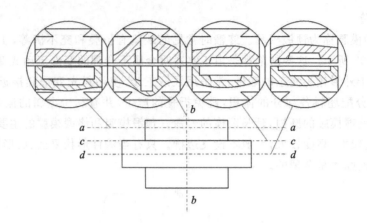

图 3-34 分模面选择比较

⑤ 最好把分模面选取在能使模膛深度最浅处,这样可使金属很容易充满模膛,便于取出锻件,如图 3-34 所示的 $b—b$ 面就不适合做分模面。

按上述原则综合分析,选用图 3-34 所示的 $d—d$ 面为分模面最合理。

(2) 加工余量和锻件公差

为了达到零件尺寸精度及表面粗糙度的要求,锻件上须切削加工而去除的金属层,称为锻件的加工余量。

模锻件水平方向尺寸公差见表 3-12。模锻件内、外表面的加工余量见表 3-13。

表 3-12　锤上模锻水平方向尺寸公差

模锻件长(宽)度/mm	<50	50~120	120~260	260~500	500~800	800~1 200
公差/mm	+1.0	+1.5	+2.0	+2.5	+3.0	+3.5
	-0.5	-0.7	-1.0	-1.5	-2.0	-2.5

表 3-13　内、外表面的加工余量 Z_1(单面)　　　　mm

加工表面最大宽度或直径		加工表面的最大长度或最大高度					
		≤63	>63~160	>160~250	>250~400	>400~1 000	>1 000~2 500
大于	至	加工余量 Z_1					
—	25	1.5	1.5	1.5	1.5	2.0	2.5
25	40	1.5	1.5	1.5	1.5	2.0	2.5
40	63	1.5	1.5	1.5	2.0	2.5	3.0
63	100	1.5	1.5	2.0	2.5	3.0	3.5

(3) 模锻斜度

为便于从模膛中取出锻件,模锻件上平行于锤击方向的表面必须具有斜度,称为模锻斜度,一般为 5°~15°。模锻斜度与模膛深度和宽度有关,通常当模膛深度与宽度的比值较大时,模锻斜度取较大值。此外,模锻斜度还分为外壁斜度 α 与内壁斜度 β,如图 3-35 所示。外壁指锻件冷却时锻件与模壁离开的表面;内壁指当锻件冷却时锻件与模壁夹紧的表面。内壁斜度值一般比外壁斜度大 2°～5°。生产中常用金属材料的模锻斜度范围见表 3-14。

表 3-14 各种金属锻件常用的模锻斜度 (°)

锻件材料	外壁斜度 α	内壁斜度 β
铝、镁合金	3～5	5～7
钢、钛、耐热合金	5～7	7、10、12

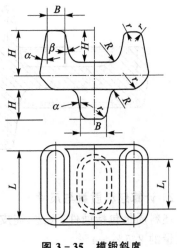

图 3-35 模锻斜度

(4) 模锻圆角半径

模锻件上所有两平面转接处均需圆弧过渡,此过渡处称为锻件的圆角,如图 3-36 所示。圆弧过渡有利于金属的变形流动,锻造时使金属易于充满模膛,提高锻件质量,并且可以避免在锻模上的内角处产生裂纹,减缓锻模外角处的磨损,提高锻模使用寿命。

钢的模锻件外圆角半径 r 一般取 1.5～12 mm,内圆角半径 R 比外圆角半径大 2～3 倍。模膛深度越深,圆角半径值越大。为了便于制模和锻件检测,圆角半径尺寸已经形成系列,其标准是 1、1.5、2、2.5、3、4、5、6、8、10、12、15、20、25 和 30 等,单位为 mm。

(5) 冲孔连皮

由于锤上模锻时不能靠上、下模的凸起部分把金属完全排挤掉,因此不能锻出通孔,终锻后,孔内留有金属薄层,称为冲孔连皮,锻后利用压力机上的切边模将其去除。常用的连皮形式是平底连皮,如图 3-37 所示。

连皮的厚度 s 通常在 4～8 mm,可按下式计算:

$$s = 0.45(d - 0.25h - 5)^{0.5} + 0.6h^{0.5}$$

式中:d——锻件内孔直径,mm;

h——锻件内孔深度,mm。

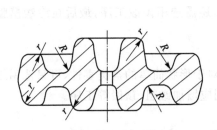

图 3-36 模锻圆角半径

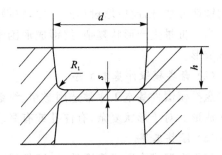

图 3-37 模锻件常用冲孔连皮

当孔径 d < 25 mm 或冲孔深度大于冲头直径的 3 倍时,只在冲孔处压出凹坑。

上述各参数确定后,便可绘制锻件图。图 3-38 所示为齿轮坯模锻件图。图中双点画线为零件轮廓外形,分模面选在锻件高度方向的中部。由于零件轮辐部分不加工,故无加工余量。图中内孔中部的两条直线为冲孔连皮切掉后的痕迹。

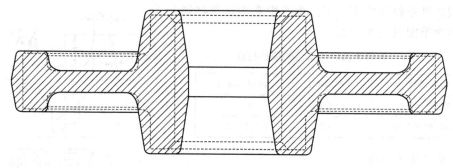

图 3-38 齿轮坯模锻件图

2. 计算坯料质量与尺寸

坯料质量包括锻件、飞边、连皮、钳口料头及氧化皮等的质量。通常,氧化皮占锻件和飞边总质量的 2.5%～4%。

3. 确定模锻工序

模锻工序主要根据锻件的形状与尺寸来确定。根据已确定的工序即可设计出制坯模膛、预锻模膛及终锻模膛。模锻件按形状可分为两类:长轴类零件与盘类零件。长轴类零件的长度与宽度之比较大,例如台阶轴、曲轴、连杆和弯曲摇臂等;盘类零件在分模面上的投影多为圆形或近似矩形,例如齿轮、法兰盘等。

(1) 长轴类模锻件基本工序

长轴类模锻件常用的工序有拔长、滚挤、弯曲、预锻和终锻等。

拔长和滚挤时,坯料沿轴线方向流动,金属体积重新分配,使坯料的各横截面积与锻件相应的横截面积近似相等。坯料的横截面积大于锻件最大横截面积时,可只选用拔长工序;当坯料的横截面积小于锻件最大横截面积时,应采用拔长和滚挤工序。

锻件的轴线为曲线时,还应选用弯曲工序。

对于小型长轴类锻件,为了减少钳口料和提高生产率,常采用一根棒料上同时锻造数个锻件的锻造方法,因此应增设切断工序,将锻好的工件分离。

当大批量生产形状复杂、终锻成形困难的锻件时,还需选用预锻工序,最后在终锻模膛中模锻成形。

(2) 盘类模锻件基本工序

盘类模锻件基本工序常选用镦粗、终锻等工序。对于形状简单的盘类零件,可只选用终锻工序成形。对于形状复杂,有深孔或有高肋的锻件,则应增加镦粗、预锻等工序。

(3) 修整工序

坯料在锻模内制成模锻件后,还须经过一系列修整工序,以保证和提高锻件质量。修整工序包括以下内容:

① 切边与冲孔 模锻件一般都带有飞边及连皮,须在压力机上进行切除。

切边模如图 3-39(a)所示,由活动凸模和固定凹模组成。凹模的通孔形状与锻件在分模面上的轮廓一致,凸模工作面的形状与锻件上部外形相符。

冲孔模如图 3-39(b)所示,凹模作为锻件的支座,冲孔连皮从凹模孔中落下。

② 校 正 在切边及其他工序中都可能引起锻件的变形,许多锻件,特别是形状复杂的锻件在切边冲孔后还应该进行校正。校正可在终锻模膛或专门的校正模内进行。

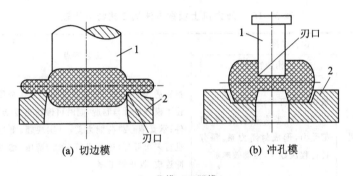

(a) 切边模　　　　　　　(b) 冲孔模

1—凸模；2—凹模

图 3-39　切边模及冲孔模

③ 热处理　目的是消除模锻件的过热组织或加工硬化组织，以达到所需的力学性能。常用的热处理方式为正火或退火。

④ 清　理　为了提高模锻件的表面质量，改善模锻件的切削加工性能，模锻件需要进行表面清理，去除在生产中产生的氧化皮、所沾油污及其他表面缺陷等。

⑤ 精　压　对于要求尺寸精度高和表面粗糙度小的模锻件，还应在压力机上进行精压。精压分为平面精压和体积精压两种。

平面精压如图 3-40(a)所示，用来获得模锻件某些平行平面间的精确尺寸。体积精压如图 3-40(b)所示，主要用来提高锻件所有尺寸的精度，减小模锻件的质量差别。精压模锻件的尺寸精度偏差可达 $\pm(0.1\sim0.25)$mm，表面粗糙度 Ra 可达 $0.8\sim0.4\ \mu m$。

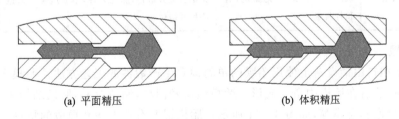

(a) 平面精压　　　　　　　(b) 体积精压

图 3-40　精　压

4. 选择锻造设备

锤上模锻的设备有蒸汽-空气锤、无砧座锤和高速锤等。选择锻造设备时应注意设备的吨位、速度等参数，同时还要根据企业状况考虑经济性。

5. 确定锻造温度范围

模锻件的生产也在一定温度范围内进行，与自由锻生产相似。

3.4.6　其他模锻方法

除了锤上模锻外，压力机上模锻和胎模锻等模锻方法也有着较为广泛的应用。

1. 压力机上模锻

用于模锻生产的压力机有摩擦压力机、平锻机、水压机和曲柄压力机等，其工艺特点的比较见表 3-15。

表 3-15 压力机上模锻方法的工艺特点比较

锻造方法	设备类型		工艺特点	应用
	结构	构造特点		
摩擦压力机上模锻	摩擦压力机	滑块行程可控,速度为(0.5～1.0)m/s,带有顶料装置,机架受力,形成封闭力系,每分钟行程次数少,传动效率低	特别适合于锻造低塑性合金钢和非铁金属;简化了模具设计与制造,同时可锻造更复杂的锻件;承受偏心载荷能力差;可实现轻、重打,能进行多次锻打,还可进行弯曲、精压、切飞边、冲连皮、校正等工序	中、小型锻件的小批和中批生产
曲柄压力机上模锻	曲柄压力机	工作时,滑块行程固定,无震动,噪声小,合模准确,有顶杆装置,设备刚度好	金属在模膛中一次成形,氧化皮不易除掉,终锻前常采用预成形及预锻工步,不宜拔长、滚挤,可进行局部镦粗,锻件精度较高,模锻斜度小,生产率高,适合短轴类锻件	大批量生产
平锻机上模锻	平锻机	滑块水平运动,行程固定,具有互相垂直的两组分模面,无顶出装置,合模准确,设备刚度好	扩大了模锻适用范围,金属在模膛中一次成形,锻件精度较高,生产率高,材料利用率高,适合锻造带头的杆类和有孔的各种合金锻件,对非回转体及中心不对称的锻件较难锻造	大批量生产
水压机上模锻	水压机	行程不固定,工作速度为(0.1～0.3)m/s,无振动,有顶杆装置	模锻时一次压成,不宜多膛模锻,适合于锻造镁铝合金大锻件,深孔锻件,不太适合于锻造小尺寸锻件	大批量生产

2. 胎模锻

胎模锻是在自由锻设备上使用胎膜的单膛模具生产锻件的工艺方法。胎模锻一般采用自由锻预锻制坯,然后在胎模中最后成形。胎模结构较简单,制造容易,胎模结构主要有扣模、开式套模、闭式套模和合模等,如图 3-41 所示。胎模锻兼有自由锻和模锻的特点,适合于中、小批量生产,小型多品种的锻件,特别适合于没有模锻设备的工厂。

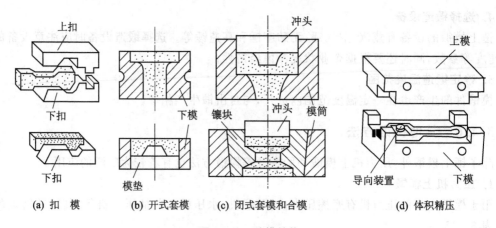

(a) 扣模　　(b) 开式套模　　(c) 闭式套模和合模　　(d) 体积精压

图 3-41 胎模结构

胎模锻工艺过程包括制定工艺规程、制造胎模、备料、加热、胎模锻及后续加工工序等。在工艺规程制定中,分模面的选取可灵活一些,分模面的数量不限于一个,而且在不同工序中可选取不同的分模面,以便于制造胎模和使锻件成形。

3.5 锻件的结构工艺性

锻件结构工艺性是影响锻造方法的选择、锻造工艺过程和锻造生产成本的重要因素。不同锻造方法和工艺又对锻件结构工艺性提出不同的要求。

3.5.1 自由锻件的结构工艺性

自由锻件的设计原则是:在满足使用性能的前提下,锻件的形状应尽量简单,易于锻造。

1. 尽量避免锥体或斜面结构

锻造具有锥体或斜面结构的锻件,需制造专用工具,锻件成形也比较困难,从而使工艺过程复杂,不便于操作,影响设备使用效率,应尽量避免,如图3-42所示。

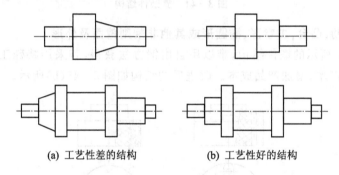

(a) 工艺性差的结构　　　　(b) 工艺性好的结构

图 3-42　轴类锻件结构

2. 避免几何体的交接处形成空间曲线

如图3-43(a)所示的圆柱面与圆柱面相交,锻件成形十分困难。改成如图3-43(b)所示的平面相交,消除了空间曲线,使锻造成形容易。

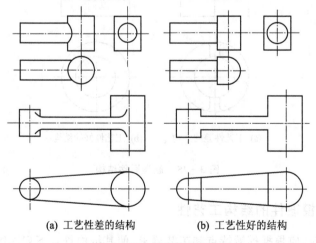

(a) 工艺性差的结构　　　　(b) 工艺性好的结构

图 3-43　杆类锻件结构

3. 合理采用组合结构

锻件的横截面积有急剧变化或形状较复杂时,可设计成由数个简单件构成的组合体,如图 3-44 所示。每个简单件锻造成形后,再用焊接或机械联接方式构成整体零件。

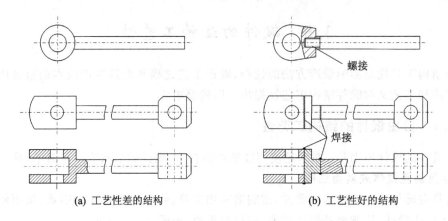

图 3-44 复杂件结构

4. 避免加强肋、凸台,工字形、椭圆形或其他非规则截面及外形

如图 3-45(a)所示的锻件结构,难以用自由锻方法获得,若采用特殊工具或特殊工艺来生产,则会降低生产率,增加产品成本。改进后的结构如图 3-45(b)所示。

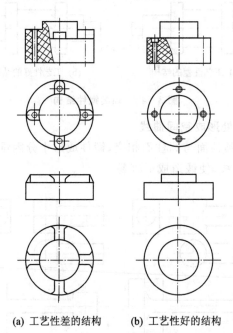

(a) 工艺性差的结构　(b) 工艺性好的结构

图 3-45 盘类锻件结构

3.5.2 锤上模锻件的结构工艺性

设计模锻零件时,应根据模锻特点和工艺要求,使其结构符合下列原则:

① 模锻零件应具有合理的分模面,以使金属易于充满模膛,模锻件易于从锻模中取出,且敷料最少,锻模容易制造。模锻件分型面如图3-46所示。

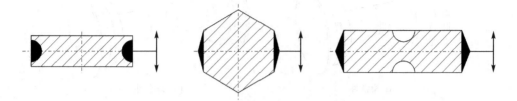

图 3-46 模锻件分型面

② 模锻零件上,除与其他零件配合的表面外,均应设计为非加工表面。模锻件的非加工表面之间形成的角应设计模锻圆角,与分模面垂直的非加工表面,应设计出模锻斜度。

③ 零件的外形应力求简单、平直、对称,避免零件截面间差别过大,或具有薄壁、高肋等不良结构,以利于金属充填模腔。一般说来,零件的最小截面与最大截面之比不要小于0.5,如图 3-47(a)所示,零件的凸缘太薄、太高,中间下凹太深,金属不易充型。图 3-47(b)所示的零件过于扁薄,薄壁部分金属模锻时容易冷却,不易锻出,对保护设备和锻模也不利。

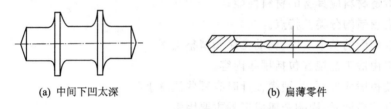

(a) 中间下凹太深　　　　　　　(b) 扁薄零件

图 3-47 模锻件结构工艺性

④ 在零件结构允许的条件下,应尽量避免有深孔或多孔结构。孔径小于 30 mm 或孔深大于直径 2 倍时,锻造困难。如图 3-48 所示的齿轮零件,为保证纤维组织的连贯性及更好的力学性能,常采用模锻方法生产,但齿轮上的四个 $\phi 20$ 的孔不方便锻造,只能采用机加工成形。

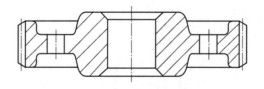

图 3-48 模锻齿轮零件

⑤ 对复杂锻件,为减少敷料,简化模锻工艺,在可能条件下,应采用锻造—焊接或锻造—机械联接组合工艺,如图 3-49 所示。

⑥ 由于模锻件尺寸精度高和表面粗糙度低,因此零件上只有与其他机件配合的表面才须进行机械加工,其他表面均应设计为非加工表面。

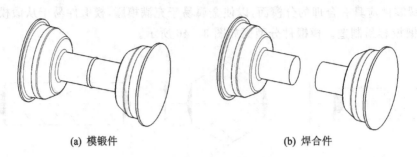

(a) 模锻件　　　　　　　　(b) 焊合件

图 3-49　锻焊结构模锻零件

习　题

1. 简述锻造按照不同方法(温度、机理、材料)的分类。
2. 简述锻造加工的特点。
3. 简述确定锻造温度范围的基本原则。
4. 简述锻造材料应具备的材料性能。
5. 简述自由锻的分类及特点。
6. 简述自由锻的基本工序、辅助工序和精整工序。
7. 简述自由锻工艺规程包括哪些内容。
8. 为了使模锻成形顺利,锻模设计时有哪些注意事项。
9. 简述开式模锻时,影响金属成形的主要因素。
10. 简述闭式模锻的主要特点。
11. 简述锤上模锻的工艺特点。
12. 简述自由锻件的设计原则。
13. 简述设计模锻零件时,其结构应符合的工艺性原则。

第4章 焊接技术

焊接是使相互分离的金属材料借助于原子间的结合力连接起来的一种热加工工艺方法，即通过加热或加压（或者两者并用），使用或不用填充材料，将两个工件结合。其实质就是通过物理-化学过程，使两个分离表面的金属原子接近到晶格距离（0.3～0.5 nm）形成金属键，从而使两金属连为一体。焊接过程示意图见图4-1。

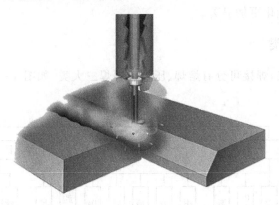

图4-1 焊接过程示意图

4.1 概　述

4.1.1 焊接技术的发展

焊接技术是随着金属的应用而出现的。古代的焊接方法主要有铸焊、钎焊和锻焊。中国商朝制造的铁刃铜钺，就是铁与铜的铸焊件，其表面铜与铁的熔合线蜿蜒曲折，接合良好。春秋战国时期的曾侯乙墓中的建鼓铜座上有许多盘龙，这些盘龙是通过分段钎焊连接而成的。战国时期制造的刀剑，刀刃为钢，刀背为熟铁，都是经过加热锻焊而成的。

19世纪，先后出现了以电弧和氧乙炔焰为高温热源的局部熔化金属焊接、碳极电弧焊钳焊接、铝热焊等焊接技术。20世纪初，出现了气焊、碳极电弧焊和薄药皮焊条电弧焊等焊接技术。由于电弧比较稳定，焊接熔池受到熔渣保护，焊接质量得到提高，电弧焊成为了一种重要和广泛使用的焊接方法。随着科技的不断发展，机械化焊接、自动化焊接进一步提高了焊接质量和焊接速度。为适应铝、镁合金和合金钢焊接的需要，钨极和熔化极惰性气体保护焊相继问世。

20世纪50年代后，又相继出现电渣焊、CO_2保护焊、离子弧焊、电子束、激光焊接、超声波焊、电阻焊、摩擦焊、爆炸焊、真空扩散焊等焊接技术。

焊接结构的用钢量是衡量焊接技术总体水平的重要指标。我国每年有三亿吨左右的钢材涉及焊接加工，占全球焊接加工量的50%以上。同时我国也是焊接材料生产和消费大国，近年来我国焊接材料产量约为455万吨。

焊接已经成为一种新兴的综合工艺技术。随着焊接技术在国民经济中的作用日益显著，焊接技术的先进程度成为一个国家工业先进程度的显著标志，因此，大力发展焊接成套设备、人工智能技术、信息化处理技术、焊接电源控制数字化技术、焊接质量控制智能化技术、焊接生产过程机器人技术，研制满足现代化生产需求的焊接材料，必将对建设创新型、节约型国家起到重要作用。

现代焊接技术是钢结构产品生产制造的关键性科学技术。其广泛应用于港口和矿山机械、汽车和机车车辆、发电设备、飞行器、船舶、桥梁、建筑、锅炉压力容器、化工设备等制造领域。近年来，焊接技术迅速发展，新的焊接方法不断出现，特别是在应用计算机信息技术后，焊接技术的精密化和智能化更加显著。

4.1.2 焊接分类

按工艺过程的特点，焊接可分有熔焊、压焊和钎焊三大类，如图 4-2 所示。

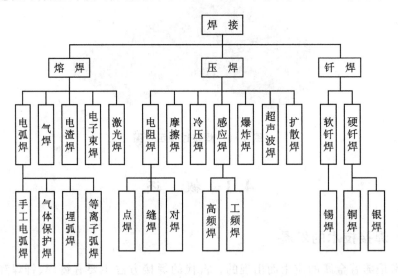

图 4-2 按焊接工艺特点分类

1. 熔 焊

将待焊处母材金属熔化以形成焊缝的焊接方法称为熔焊，又叫熔化焊。熔焊是一种最常见的焊接方法。熔焊中固有的高温相变过程，在焊接区域会产生热影响区，如图 4-3 所示。热影响区是在焊接热循环作用下，焊缝两侧处于固态的母材发生明显的组织和性能变化的区域。在实际焊接接头中，焊接热影响区只是一个较小范围的局部区域，一般宽度只有几毫米。

熔焊包括电弧焊、气焊、电渣焊、激光焊和电子束焊等，见图 4-2。其中电弧焊是目前应用最广泛的焊接方法。

（1）电弧焊

电弧焊是利用焊件与焊条（焊丝）间产生的电弧热量，将焊件与焊条（焊丝）熔化，待冷却凝固后形成牢固接头的工艺方法。

电弧焊主要包括手弧焊、埋弧焊、气体保护焊等。

焊条电弧焊具有如下优点：

① 设备简单,价格便宜,维护方便。焊接操作时不需要复杂的辅助设备,只需要配备简单的辅助工具,方便携带。

② 不需要辅助气体防护,并且具有较强的抗风能力。

③ 操作灵活,适应性强,凡焊条能够到达的地方都能进行焊接。焊条电弧焊适于焊接单件或小批量工件以及不规则的、任意空间位置和不易实现机械化焊接的焊缝。

④ 应用范围广,可以焊接工业应用中的大多数金属和合金,如低碳钢、低合金结构钢、不锈钢、耐热钢、低温钢、铸铁、铜合金、镍合金等。此外,焊条电弧焊还可以进行异种金属的焊接、铸铁的补焊及各种金属材料的堆焊。

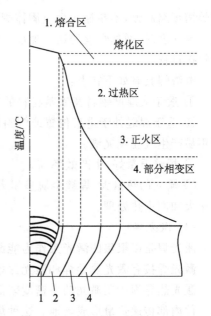

图4-3 熔焊热影响区示意图

焊条电弧焊有如下缺点:

① 依赖性强 焊条电弧焊的焊缝质量除了可以通过调节焊接电源、焊条、焊接工艺参数等得到保障外,还依赖于焊工的操作技巧和经验。

② 焊工劳动强度大,劳动条件差 焊接时,焊工始终在高温烘烤和有毒烟尘环境中进行手工操作。

③ 生产效率低 与自动化焊接方法相比,焊条电弧焊使用的焊接电流较小,而且需要经常更换焊条。

④ 不适于焊接薄板和特殊金属 焊条电弧焊的焊接工件厚度一般在1.5 mm以上,1 mm以下的薄板不适于焊条电弧焊。对于活泼金属(如Ti,Nb,Zr等)和难熔金属(如Ta,Mo等),焊条电弧焊的气体保护作用不足以防止其氧化,导致焊接质量不高;对于低熔点金属(如Ti,Nb,Zr及其合金等),焊条电弧焊电弧的温度远远高于其熔点,所以也不能采用这种方法焊接。

(2) 气 焊

气焊所用的可燃气体与气割相同,主要有乙炔、液化石油气(丙烷、丁烷、丙烯等)和氢气等,氧气为助燃气体。气焊用的焊丝起填充金属的作用,焊接时与熔化的母材一起组成焊缝金属。焊接有色金属、铸铁和不锈钢时,还应采用焊粉(熔剂),以消除覆盖在焊材及熔池表面上的难熔的氧化膜和其他杂质,并在熔池表面形成一层熔渣,保护熔池金属不被氧化,排除熔池中的气体、氧化物及其他杂质,提高熔化金属的流动性,使焊接顺利并保证质量和成形。

气焊主要应用于薄钢板、低熔点金属式合金(有色金属及其合金)、铸铁件和硬质合金刀具等材料的焊接,以及磨损、报废车件的补焊,构件变形的火焰矫正等。

气焊的优点是设备简单、使用灵活;对铸铁及部分色金属的焊接有较好的适应性;在电力供应不足的地方需要焊接时,气焊可以发挥更大的作用。其缺点是生产效率较低;焊接后工件变形和热影响区较大;较难实现自动化。

(3) 电渣焊

电渣焊是利用电流通过液体熔渣所产生的电阻热进行焊接的方法。开始焊接时,焊丝与起焊槽短路起弧,不断加入少量固体焊剂,利用电弧的热量使之熔化,形成液态熔渣,待熔渣达到一定深度时,增加焊丝的送进速度,并降低电压,使焊丝插入渣池,电弧熄灭,从而转入电渣焊焊接过程。

电渣焊具有如下特点:

① 适于大厚度钢材及铁基材料的焊接。常焊的板厚为 13～500 mm。

② 适于焊缝处于垂直位置或倾斜焊缝(与地平面的垂直线夹角≤30°)的焊接,焊缝金属中不易产生气孔及夹渣。

③ 焊缝质量好,生产效率高。

④ 输入的热量大,焊缝金属呈粗大结晶的铸态组织,冲击韧性低,焊件在焊后一般需要进行正火和回火热处理。

(4) 激光焊

激光焊是以聚焦的激光束作为能源轰击焊件所产生的热量进行焊接的方法。

激光焊接有激光热导焊和激光深熔焊两种基本模式。

激光热导焊所用激光功率密度较低,工件吸收激光后,仅达到表面熔化,然后依靠热传导向工件内部传递热量形成熔池。这种焊接模式熔深小,深宽比也较小。

激光深熔焊所用激光功率密度高,工件吸收激光后迅速熔化乃至气化,熔化的金属在蒸汽压力作用下形成的小孔激光束可直照孔底,使小孔不断延伸,直至小孔内的蒸气压力与液体金属的表面张力和重力平衡为止。小孔随着激光束沿焊接方向移动时,小孔前方熔化的金属绕过小孔流向后方,凝固后形成焊缝。激光深熔焊熔深大,深宽比也大。在机械制造领域,除了那些微薄零件之外,一般应选用深熔焊。

目前激光焊接已经在航空、航天、汽车、高铁、舰船、医疗等领域得到了广泛应用。

激光焊具有如下优点:

① 焦点光斑小,功率密度高,能焊接高熔点、高强度的合金材料。

② 不须使用电极,不用担心电极污染或受损,并且因为不属于接触式焊接制程,夹具的耗损及变形可降至最低。

③ 激光焊接自动化程度高,可以用计算机进行控制,焊接速度快、能量密度高,可进行复杂形状的焊接。

④ 激光焊接热影响区小,材料变形小,无需后续工序。

⑤ 可在封闭的空间处理工件。

⑥ 激光焊接与电子束加工相比,不需要严格的真空设备系统,操作方便,不受磁场影响(电弧焊接及电子束焊接则容易),能精确地对准焊件。

⑦ 激光束易于导向、聚焦,实现各方向变换;生产效率高,加工质量稳定可靠,经济效益和社会效益好。

激光焊的缺点如下:

① 焊件位置要求非常精确,必须在激光束的聚焦范围内。

② 必须确保焊件的最终位置与激光束将冲击的焊点对准。

③ 最大可焊厚度受到限制,渗透厚度小于 19 mm。

④ 焊接高反射性及高导热性材料(如铝、铜及其合金等)时,这些材料的焊接性会被激光所改变。

⑤ 当进行中能量至高能量的激光束焊接时,须使用等离子控制器将熔池周围的离子化气体驱除,以确保焊道的再出现。
⑥ 能量转换效率太低,通常低于10%。
⑦ 焊道快速凝固,可能有气孔产生或发生脆化现象。
⑧ 设备昂贵。

(5) 电子束焊

电子束焊是利用加速和聚集的电子束轰击置于真空或非真空中的焊件所产生的热能进行焊接的方法。

电子束焊接的基本原理是电子枪中的阴极由于直接或间接加热而发射电子,该电子在高压静电场的加速下再通过电磁场的聚焦形成能量密度极高的电子束,用此电子束去轰击工件,巨大的动能转化为热能,使焊接处工件熔化,形成熔池,从而实现对工件的焊接。电子束焊接因具有不用焊条、不易氧化、工艺重复性好及热变形量小的优点而广泛应用于航空航天、原子能、国防及军工、汽车和电气电工仪表等众多行业。

电子束焊接作为一种先进的焊接方法,具有如下明显的特点。

① 由于电子束的能量密度很高,焊接速度快,焊件的热影响区和焊接变形极小,因此电子束焊接可用于零件的终加工工序。

② 电子束焊缝的深宽比大,可达10∶1～40∶1,而一般电弧焊的深宽比约为1∶1.5,因此,电子束焊可以应用于大厚度、不开坡口的焊接场合。

③ 可控性好。电子束焊接参数(电压、电流、焊接速度等)能够被精确控制,实现数字化焊接;焊接时参数的重复性及稳定性好,能确保焊件的焊接质量。

④ 可将难于整体加工的零件分解为容易加工的几部分,再用电子束焊的方法将其焊成整体,使复杂工序变得简单。

⑤ 可用于不加填充焊丝的对接、角接、T形接等多种焊接场合。

⑥ 因电子束焊焦点小而能量集中,故对组焊件配合处的机械加工精度及装配质量有严格要求,对接焊缝的两边缘要求平整、贴紧,一般不留间隙。

⑦ 为防止出现焊接裂纹等缺陷,对采用电子束焊接的零件材料,一般要求其碳当量小于0.4%,当材料的碳当量大于0.6%时,裂纹就很难避免,且对焊接工艺的要求也特别高。

2. 压 焊

压焊又称固态焊接,是指在加热或不加热状态下对组合焊件施加一定压力,使其熔化或产生塑性变形,并通过再结晶和扩散等作用,使两个分离表面的原子达到形成金属键而连接的焊接方法。

压焊在焊接过程中施加压力而不加填充材料,没有像熔焊那样的有益合金元素烧损和有害元素侵入焊缝的问题,从而简化了焊接过程,也改善了焊接条件。同时由于加热温度比熔焊低、加热时间短,因而热影响区小,许多难以用熔化焊焊接的材料,往往可以用压焊焊成与母材同等强度的优质接头。

压焊包括电阻焊、锻焊、接触焊、摩擦焊、气压焊、冷压焊、爆炸焊等,其中电阻焊应用较多。

(1) 电阻焊

电阻焊是焊件组合后通过电极施加压力,利用电流通过接头的接触面及邻近区域产生的电阻热进行焊接的方法。点焊、电阻对焊都属于典型的电阻焊。

电阻焊具有如下优点：

① 熔核形成时，始终被塑性环包围，熔化金属与空气隔绝，冶金过程简单。

② 加热时间短，热量集中，故热影响区小；变形与应力也小，通常在焊后不必安排校正和热处理工序。

③ 不需要焊丝、焊条等填充金属，以及氧、乙炔、氢等焊接材料，焊接成本低。

④ 操作简单，易于实现机械化和自动化，改善了劳动条件。

⑤ 生产率高，且无噪声及有害气体。在大批量生产中，可以和其他制造工序一起编到组装线上。

电阻焊缺点如下：

① 目前还缺乏可靠的无损检测方法，焊接质量只能靠工艺试样和工件的破坏性试验来检查，以及靠各种监控技术来保证。

② 点、缝焊的搭接接头不仅增加了构件的重量，且因在两板焊接熔核周围形成夹角，致使接头的抗拉强度和疲劳强度均较低。

③ 设备功率大，机械化、自动化程度较高，使设备成本较高、维修较困难，并且常用的大功率单相交流焊机不利于电网的平衡运行。

(2) 摩擦焊

摩擦焊是利用焊件表面相互摩擦所产生的热使端面达到热塑性状态，然后迅速顶锻，完成焊接的一种压焊方法。

摩擦焊的实质是摩擦破坏了金属表面的氧化膜。摩擦生热降低了金属的强度，但提高了塑性。摩擦表面金属产生了塑性变形与流动，防止了金属的氧化，促进了焊接金属原子的互相扩散，形成了牢固的焊接接头。

摩擦焊较传统熔焊最大的不同在于整个焊接过程中，待焊金属获得能量升高达到的温度并没有达到其熔点，即金属是在热塑性状态下实现的类锻态固相连接。

相对传统熔焊，摩擦焊的焊接接头质量高，能达到焊缝强度与基体材料等强度；焊接效率高、质量稳定、一致性好，可实现异种材料焊接等。

摩擦焊具有如下优点：

① 焊接接头质量高。

② 适合异种材料的焊接。

③ 生产效率高。

④ 尺寸精度高。

⑤ 易于实现机械化、自动化，操作简单。

⑥ 环境清洁、安全，焊接过程中无污染、无烟尘、无辐射、无有害气体产生。

⑦ 成本低，不用填料。

摩擦焊接以其优质、高效、节能、无污染的技术特色，在航空、航天、核能、兵器、汽车、电力、海洋开发、机械制造等方面得到越来越广泛的应用。

(3) 超声波焊

超声波焊是利用超声波的高频率振荡对焊接接头进行局部加热和表面清理，然后施加压力实现点焊或缝焊的一种方法。

按焊接原理和材料，超声波焊可分为超声波塑料焊接和超声波金属焊接。

① 超声波塑料焊接是热塑性塑料在超声波振动作用下,由于表面分子间摩擦生热而使两块塑料熔接在一起的焊接方法。由于塑料导热性差,局部热能不能及时散发,聚集在焊区,致使两个塑料的接触面迅速熔化,加上一定压力后,融合成一体。当超声波停止作用后,让压力持续几秒钟,使其凝固成型,这样就形成一个坚固的分子链,达到焊接的目的,焊接强度能接近于原材料强度。超声波塑料焊接取代溶剂黏胶,机械固定及其他的黏接工艺,是一种先进的装配技术。

② 超声波金属焊接是一种机械处理过程,在焊接过程中,并无电流在被焊件中流过,也无诸如电焊模式的焊弧产生。由于超声焊接不存在热传导与电阻率等问题,因此对于有色金属材料来说,无疑是一种理想的金属焊接技术,对不同厚度的片材,能有效地进行焊接。超声波金属焊接的优点在于快速、节能、熔合强度高、导电性好、无火花、接近冷态加工;缺点是所焊接金属件不能太厚(一般小于或等于 5 mm)、焊点位不能太大、需要加压。

(4) 扩散焊

扩散焊是让焊件紧密贴合,在真空或保护气体气氛中,在一定温度和压力下保持一段时间,使接触面之间的原子相互扩散而完成焊接的压焊方法。扩散连接是零件整体连接的方法,这种连接是在原子水平上形成的,是相互接触的表面,在高温和压力的作用下,被连接表面相互靠近,局部发生塑性变形,经一定时间后保证结合层原子间相互扩散,形成整体水平上的可靠连接。

扩散焊时因基体不过热、不熔化,可以在不降低焊件性能的情况下焊接几乎所有的金属或非金属。扩散焊接头质量好,其显微组织和性能与母材接近或相同,在焊缝中不存在熔化焊缺陷,也不存在过热组织和热影响区;焊件精度高、变形小。扩散焊可以焊接大断面结构、复杂结构和厚薄相差较大的结构,能对组装件中许多接头同时实施焊接。

但是,扩散焊对焊件表面的制备和装配质量的要求较高,特别对接合表面要求严格;焊接热循环时间长,生产率低;对某些金属会引起晶粒长大;设备一次性投资较大,且焊接工件的尺寸受到设备的限制,无法进行连续式批量生产。

(5) 爆炸焊

爆炸焊接也称爆炸复合或固态焊接,它是以炸药作为能源,利用炸药爆炸时产生的冲击波,使两层或多层的同种或异种材料高速水平或倾斜碰撞而结合在一起的焊接方法。

爆炸焊的整个过程发生在极短的时间里,被连接的金属整体不承受高温,在结合区不发生扩散,属于固态连接,不加填充金属,对材料有广泛的适应性,适用于难以焊接的异种金属组合件。爆炸焊的焊接面积可变,范围大($6.45\ cm^2 \sim 78.87\ m^2$)。复板厚度通常在 $1 \sim 30\ mm$ 范围内,基板厚度几乎不受限制。

爆炸焊接头常形成波状界面,结合强度高,界面电阻小。爆炸焊设备简单,生产费用低,适用于工业化生产。爆炸焊后,材料的强度、硬度提高,韧性有所下降,复板性能变化更明显,可通过焊后热处理恢复性能。

爆炸焊已应用于各种金属和合金组合的复合板、双金属管、热交换器的管与管板连接,各种过渡接头、大直径管线的焊接等。常用的金属组合有不锈钢/钢、钛/钢、铜及其合金/钢、镍及其合金/钢、铝及其合金/钢、铝/铜、锆/钢、银/钢、银/铜等。

3. 钎 焊

钎焊是采用比母材金属熔点低的金属材料作钎料,将焊件和钎料加热到高于钎料熔点、低于母材溶化温度,利用液态钎料润湿母材,填充接头间隙并与母材相互扩散实现连接焊件的方法。钎焊分为硬钎焊和软钎焊。钎焊时母材不熔化,仅钎料熔化,钎焊不对焊件施加压力。钎焊形成的焊缝称为钎缝,钎焊所用的填充金属称为钎料。

钎焊时,表面清洗好的工件以搭接型式装配在一起,把钎料放在接头间隙附近或接头间隙之间。当工件与钎料被加热到稍高于钎料熔点温度后,钎料熔化(工件未熔化),并借助毛细作用被吸入和充满固态工件间隙之间,液态钎料与工件金属相互扩散溶解,冷凝后即形成钎焊接头。

钎焊时焊件变形小,接头光滑美观钎焊适用于焊接精密、复杂和由不同材料组成的构件,如蜂窝结构板、透平叶片、硬质合金刀具和印刷电路板等。钎焊前对工件必须进行细致加工和严格清洗,除去油污和过厚的氧化膜,保证接口装配间隙,间隙一般要求在 0.01~0.1 mm 范围内。

钎焊过程如下:表面清洗好的工件以搭接型式装配在一起,把钎料放在接头间隙附近或接头间隙之间。当工件与钎料被加热到稍高于钎料熔点温度后,钎料熔化(工件未熔化),并借助毛细作用被吸入和充满固态工件间隙之间,液态钎料与工件金属相互扩散溶解,冷凝后即形成钎焊接头。

钎焊主要用于焊接精密仪表、电气零部件、异种金属构件以及复杂薄板结构,如夹层构件、蜂窝结构等,也常用于焊接各类异线与硬质合金刀具。钎焊不适于一般钢结构和重载、动载机件的焊接。钎焊具有如下特点:

① 钎焊加热温度较低,接头光滑平整,组织和机械性能变化小,变形小,工件尺寸精确;

② 钎焊可焊同种金属,也可焊异种材料,且对工件厚度差无严格限制;

③ 有些钎焊方法可同时焊多焊件、多接头,生产率很高;

④ 钎焊设备简单,生产投资费用少;

⑤ 接头强度低,耐热性差,且焊前清整要求严格,钎料价格较贵。

4.1.3 焊接技术特点

焊接技术主要有如下特点:

① 节省材料,减轻质量 焊接的金属结构件可比铆接节省材料 10%~25%;采用点焊的飞行器结构质量明显减轻,降油耗明显降低,运载能力显著提高。

② 简化复杂零件和大型零件的制造过程 焊接方法灵活,可化大为小,以简驭繁,加工快,工时少,生产周期短。许多结构可以采用铸-焊、锻-焊形式组合,简化了加工工艺。

③ 适应性强 多样的焊接方法几乎可焊接所有的金属材料和部分非金属材料。可焊范围较广,而且连接性能较好。焊接接头可达到与工件金属等强度或相应的特殊性能。

④ 满足特殊连接要求 不同材料焊接在一起,能使零件的不同部分或不同位置具备不同的性能,达到使用要求。如防腐容器的双金属筒体焊接、钻头工作部分与柄的焊接、水轮机叶片耐磨表面堆焊等。

⑤ 降低劳动强度,改善劳动条件 尽管焊接技术有如上特点,但在应用中仍存在某些不足。例如不同焊接方法的焊接性有较大差别,焊接接头的组织不均匀,焊接热过程造成的结构应力与变形以及各种裂纹问题等,都有待进一步研究和完善。

4.2 电弧焊

电弧焊是最常见和应用最广泛的焊接方法,在大吨位船舶、舰艇、发电设备、核能装置、化工机械的制造中,几乎全部采用熔焊。电弧焊在熔焊中占有十分重要的地位的主要原因是电弧能够有效而简便地把电能转换成焊接过程所需要的热能和机械能。

电弧焊是指以电弧作为热源,利用空气放电的物理现象,将电能转换为焊接所需的热能和机械能,从而达到连接金属的目的。

1. 电 弧

电弧是在一定条件下电荷通过两电极气体空间的一种导电过程,也是气体放电的一种重要形式,如图 4-4 所示。电弧的本质是在电极与工件之间产生的强烈而持久的气体放电现象。电极可以是金属丝、钨丝、碳棒或焊条。电弧特点是低电压、大电流、能量密度大、温度高、移动性好。

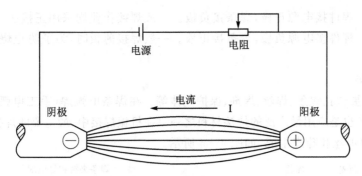

图 4-4 电弧示意图

正常状态下的气体是由中性分子或原子组成的,不含带电粒子,它们虽然可以自由移动,但不会受电场作用而产生定向运动,所以是不导电的。因此,要使正常状态的气体导电,必须有一个产生带电粒子的过程,这就是气体的放电过程。

气体放电可分为非自持放电和自持放电两大类。在非自持放电中,起始的带电粒子是由外界电离源引起的,呈暗放电状态,当外界电离源取消后,放电立刻停止,这种取决于外界因素的气体导电现象称为非自持放电。当电流大于一定数值时,气体导电过程本身就可以产生维持导电所需要的带电粒子,即使取消了外界电离源,放电过程仍可继续维持下去,这种过程称为自持放电。在自持放电区间,放电特征也因电参数值的不同而存在明显的差异,大体上可分为自持暗放电、辉光放电和电弧放电三种基本形式。

电弧是由两个电极和它们之间的气体空间组成。电弧中的带电粒子主要是依靠两电极之间的气体电离和电极发射电子两个物理过程所产生的,同时伴随着一些其他过程,如解离、激励、扩散、复合、负离子的产生等。

采用直流焊接时,电弧包括阴极区、弧柱区和阳极区。阴极区温度一般可达 2 130~3 230 ℃,放出热量约占整个焊接电弧放出热量的 36%;弧柱区温度可达 5 730~7 730 ℃,放出热量约占整个焊接电弧放出热量的 21%;阳极区的温度一般可达 2 330~3 930 ℃,放出热量约占整个焊接电弧放出热量的 43%。由于阳极区和阴极区的温度及放热量不同,直流焊接有正接和反接两种方法,如图 4-5 所示。交流电弧焊设备电极的极性频繁交变,不存在极性问题。

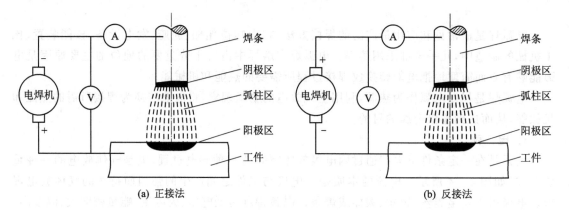

图 4-5 直流电焊中电弧示意图

① 正接法 焊件接电源正极,焊条接负极。一般焊接作业均采用正接法。

② 反接法 焊件接电源负极,焊条接正极。一般焊接薄板时,为了防止烧穿,采用反接法进行焊接作业。

2. 焊接材料

焊接材料主要包括焊条、焊丝、焊剂、保护气体等。在焊条电弧焊(手工电弧焊)中主要焊接材料是焊条,焊条也是应用最广泛的焊接材料之一。在机械焊接中,最主要的焊接材料是焊丝。

焊条主要由焊丝和药皮组成,如图 4-6 所示。

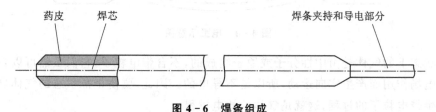

图 4-6 焊条组成

焊芯是采用焊接专用钢丝经过特殊冶炼而制成的,是传导电流及填充焊缝的金属。其化学成分及非金属夹杂物的多少直接影响焊缝的质量。

药皮主要作用是稳弧、去杂质、渗合金,以及保护熔化金属和焊缝。

酸性焊条的药皮中含 SiO_2、FeO 等较多,熔渣呈酸性,氧化性较强,焊接时合金元素烧损多;焊缝中 O、N 较多,焊缝质量差,但工艺性好。酸性焊条用于一般钢结构焊接。

碱性焊条的药皮中含较多的 $CaCO_3$、CaF(萤石),熔渣呈碱性,焊缝力性高,但对水、油、锈等较敏感,易产生气孔,须焊前清理,电弧稳定性差,一般采用直流反接。碱性焊条用于重要钢结构焊接,如锅炉、压力容器、合金结构钢等。

焊条牌号可参考焊接工具书和相关标准,其选用原则如下:

① 等强度原则 即选用与母材同强度等级的焊条。

② 同成分原则 即按母材化学成分选用相应成分的焊条。

③ 抗裂纹原则 焊接刚度大、形状复杂,使用中承受动载荷的结构时,应选用抗裂性好的碱性焊条。

④ 抗气孔原则　受焊接工艺条件的限制时,应选用抗气孔能力强的酸性焊条。
⑤ 低成本原则　在满足使用要求的前提下,尽量选用工艺性能好、低成本、高效率的焊条。

3. 焊条电弧焊

焊条电弧焊是利用电弧作为热源,手工操纵焊条进行焊接的方法,如图4-7所示。

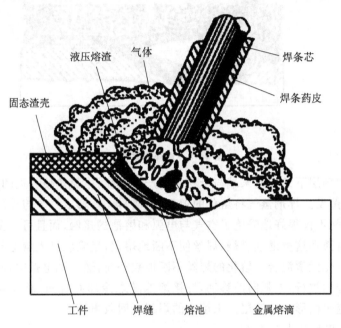

图4-7　电弧焊焊接过程

焊条电弧焊是熔化焊中最基本的一种焊接方法,其主要特点如下:
① 设备简单、操作灵活;
② 可焊接多种金属材料;
③ 室内、外焊接效果相近;
④ 对焊工操作水平要求较高,生产率较低。

焊条电弧焊按电极材料的不同,可分为熔化极焊条电弧焊和非熔化极焊条电弧焊(如手工钨极气体保护焊)。溶化极焊条电弧焊是以金属焊条作电极,电弧在焊条端部和母材表面燃烧的方法。

4. 埋弧焊

埋弧焊(SAW)又称焊剂层下电弧焊。它是通过保持在焊丝与工件之间的电弧将金属加热,使被焊件之间形成刚性连接。按自动化程度的不同,埋弧焊分为半自动焊(移动电弧由手工操作)和自动焊。这里所说的埋弧焊都是指埋弧自动焊,半自动焊已基本上由气体保护焊代替。

(1) 埋弧自动焊的焊接过程

埋弧自动焊时,焊剂由给送焊剂管流出,均匀地堆敷在装配好的焊件(母材)表面,如图4-8所示。焊丝由自动送丝机构自动送进,经导电嘴进入电弧区。焊接电源分别接在导电嘴和焊件上,以便产生电弧。给送焊剂管、自动送丝机构及控制盘等通常都装在一台电动小车上。小车可以按调定的速度沿着焊缝自动行走。

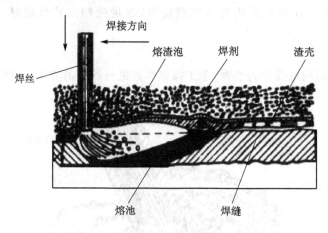

图 4-8 埋弧自动焊

插入颗粒状焊剂层下的焊丝末端与母材之间产生电弧,电弧热使邻近的母材、焊丝和焊剂熔化,并有部分被蒸发。焊剂蒸气将熔化的焊剂(熔渣)排开,形成一个与外部空气隔绝的封闭空间,这个封闭空间不仅很好地隔绝了空气与电弧和熔池的接触,而且可完全阻挡有碍操作的电弧光的辐射。电弧在这里继续燃烧,焊丝便不断地熔化,呈滴状进入熔池与母材熔化的金属和焊剂提供的合金化元素混合。熔化的焊丝不断地被补充,送入到电弧中,同时不断地添加焊剂。随着焊接过程的进行,电弧向前移动,焊接熔池随之冷却而凝固,形成焊缝。密度较小的熔化焊剂浮在焊缝表面形成熔渣层。未熔化的焊剂可回收再用。

(2) 埋弧自动焊的特点及应用

① 焊接质量好　焊接过程能够自动控制。各项工艺参数可以调节到最佳数值。焊缝的化学成分比较均匀稳定。焊缝光洁平整,有害气体难以侵入,熔池金属冶金反应充分,焊接缺陷较少。

② 生产率高　焊丝从导电嘴伸出长度较短,可用较大的焊接电流,而且连续施焊的时间较长,这样就能提高焊接速度。同时,焊件厚度在 14 mm 以内的对接焊缝可不开坡口,不留间隙,一次焊成,故其生产率高。

③ 节省焊接材料　焊件可以不开坡口或开小坡口,可减少焊缝中焊丝的填充量,也可减少因加工坡口而消耗掉的焊件材料。同时,焊接时金属飞溅小,又没有焊条头的损失,所以可节省焊接材料。

④ 易实现自动化,劳动条件好,劳动强度低,操作简单。

埋弧自动焊的缺点是:适应性差,通常只适用于水平位置焊接直缝和环缝,不能焊接空间焊缝和不规则焊缝,对坡口的加工、清理和装配质量要求较高。

埋弧自动焊通常用于碳钢、低合金结构钢、不锈钢和耐热钢等中厚板结构的长直缝、直径大于 300 mm 环缝的平焊。此外,它还用于耐磨、耐腐蚀合金的堆焊,以及大型球墨铸铁曲轴和镍合金、铜合金等材料的焊接。

5. 气体保护焊

气体保护焊是指用外加气体作为电弧介质并保护电弧和焊接区的电弧焊。

气体保护焊是明弧焊接,焊接时便于监视焊接过程,故操作方便,可实现全位置自动焊接,焊后还不用清渣,可节省大量辅助时间,大大提高了生产率。另外,由于保护气流对电弧有冷却压缩作用,电弧热量集中,因而焊接热影响区窄,工件变形小,特别适合于薄板焊接。

(1) 氩弧焊

氩弧焊是以氩(Ar)气作为保护气体的气体保护电弧焊。氩气是一种惰性气体,在高温下,它不与金属和其他任何元素起化学反应,也不溶于金属,因此保护效果良好,所焊接头质量高。

按使用的电极不同,氩弧焊可分为不熔化极氩弧焊即钨极氩弧焊(TIG焊)和熔化极氩弧焊(MIG)两种,如图4-9所示。

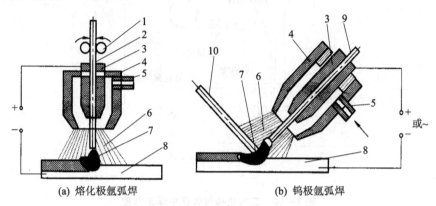

(a) 熔化极氩弧焊　　(b) 钨极氩弧焊

1—送丝轮;2—焊丝;3—导电嘴;4—喷嘴;5—进气管;
6—氩气流;7—电弧;8—工件;9—钨极;10—填充焊丝

图4-9　氩弧焊示意图

1) 钨极氩弧焊(TIG焊)

常采用熔点较高的钍钨棒或铈钨棒作为电极,焊接过程中电极本身不熔化,故属不熔化极电弧焊。钨极氩弧焊又分为手工焊和自动焊两种。焊接时填充焊丝在钨极前方添加。当焊接薄板时,一般不须开坡口和加填充焊丝。

钨极氩弧焊的电流种类与极性的选择原则是:焊接铝、镁及其合金时,采用交流电;焊其他金属(低合金钢、不锈钢、耐热钢、钛及钛合金、铜及铜合金等)采用直流正接。由于钨极的载流能力有限,其电功率受到限制,所以钨极氩弧焊一般只适于焊接厚度小于6 mm的工件。

2) 熔化极氩弧焊(MIG)

熔化极氩弧焊是以连续送进的焊丝作为电极,电弧产生在焊丝与工件之间,焊丝不断送进,并熔化过渡到焊缝中去,因而焊接电流可大大提高。

熔化极氩弧焊可分为半自动焊和自动焊两种,一般采用直流反接法。

与TIG焊相比,MIG焊可采用高密度电流,母材熔深大,填充金属熔敷速度快,生产率高。

MIG焊与TIG焊一样,几乎可焊接所有的金属,尤其适合于焊接铝及铝合金、铜及铜合金以及不锈钢等材料。主要用于中、厚板的焊接。目前采用熔化极脉冲氩弧焊可以焊接薄板,进行全位置焊接、实现单面焊双面成形以及封底焊。

(2) CO_2气体保护焊

CO_2气体保护焊是利用廉价的CO_2气体作为保护气体的电弧焊。CO_2保护焊的焊接装置如图 4-10 所示。它是利用焊丝作电极,焊丝由送丝机构通过软管经导电嘴送出。电弧在焊丝与工件之间发生。CO_2 气体从喷嘴中以一定的流量喷出,包围电弧和熔池,从而防止空气对液体金属的有害作用。CO_2 保护焊可分为自动焊和半自动焊。目前应用较多的是半自动焊。

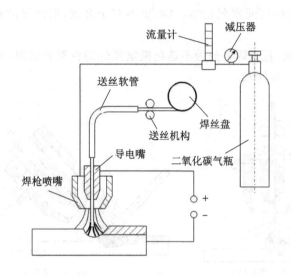

图 4-10 二氧化碳气体保护焊示意图

CO_2 气体保护焊除具有前述的气体保护焊的优点外,还有焊缝含氢量低,抗裂性能好,以及价格便宜、来源广泛、生产成本低等优点。

由于 CO_2 气体是氧化性气体,高温时可分解成 CO 和氧原子,易造成合金元素烧损、焊缝吸氧,导致电弧稳定性差、飞溅较多、弧光强烈和焊缝表面成形不够美观等缺点。若控制或操作不当,还容易产生气孔。为保证焊缝的合金元素,须采用含锰、硅较高的焊接钢丝或含有相应合金元素的合金钢焊丝。

由于 CO_2 保护焊的优点较多,目前已广泛应用于机械制造业各部门中。

4.3 焊接应力与变形

4.3.1 焊接应力

1. 焊接应力产生的原因

焊件由焊接引起的内应力称为焊接应力。根据焊接应力产生时期的不同,可把焊接应力分为焊接瞬时应力和焊接残余应力。焊接瞬时应力是焊接时随温度变化而变化的应力,焊接残余应力则是被焊工件冷却到初始温度后所残留的应力。根据焊接应力在被焊工件中的方位不同,可将焊接应力分为纵向应力、横向应力和厚向应力。实际上,焊接应力都是三维应力,但对于薄板来说,厚向应力相对较小,可按二维应力处理。焊接应力产生示意图见图 4-11。

金属构件在焊接以后,总要发生变形和产生焊接应力,且二者是彼此伴生的。

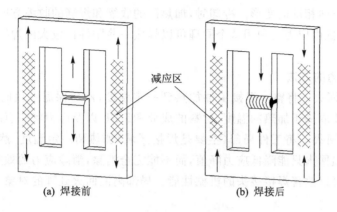

(a) 焊接前　　　　　　　　(b) 焊接后

图 4-11　焊接应力产生示意图

2. 焊接应力的分类

（1）按内应力作用力的范围分类

① 宏观内应力　宏观内应力在较大的范围内平衡,其范围大小可以与物体尺寸相比。

② 微观内应力　微观内应力的平衡范围大小可以与晶粒尺寸来比量。

③ 超微观内应力　超微观内应力的平衡范围更小,其大小可与晶格尺寸来比量。

（2）按内应力产生原因分类

① 温度应力（热应力）　温度应力是由于构件受热不均匀引起的内应力。温度应力是在没有外力作用下出现的,且拉应力与压应力在框架中互相平衡,就构成了内应力。如果温度应力不高（低于材料的屈服极限）,在框架里不产生塑性变形,那么,当框架的温度均匀化以后,热应力亦随之消失。

② 残余应力　如果不均匀温度场所造成的内应力达到材料的屈服限,会使局部区域产生塑性变形。当温度恢复到原始的均匀状态后,就产生新的内应力。这种内应力是温度均匀后残存在物体中的,故称之为残余应力。

3. 焊接应力的危害

① 增加结构工作时的应力,降低承载能力;

② 引起焊接裂纹,甚至脆断;

③ 促使产生应力腐蚀裂纹;

④ 残余应力衰减会产生变形,引起形状、尺寸不稳定。

4. 焊接应力的预防措施

① 采用合理的焊接顺序和方向　尽量使焊缝能自由收缩,先焊收缩量比较大的焊缝以及工作时受力较大的焊缝。拼板时应先焊错开的短焊缝,然后再焊直通长焊缝,不能采用十字形焊缝。

② 反变形法　焊接封闭焊缝或其他刚性较大、自由度较小的焊缝时,可以采用反变形法来增加焊缝的自由度。

③ 锤击或碾压焊缝　每焊完一道焊缝用带小圆弧面的风枪或小手锤锤击焊缝区,使焊缝得到延伸,从而降低内应力。锤击应保持均匀、适度,避免锤击过分产生裂纹。采用碾压法,亦可有效地降低内应力。

④ 减应力法　在结构适当部位加热使之伸长。加热区的伸长带动焊接部位,使工件产生

一个与焊缝收缩方向相反的变形。冷却时,加热区的收缩和焊缝的收缩方向相同,使焊缝能自由地收缩,从而降低内应力。利用这个原理可以焊接一些刚性比较大的焊缝,达到降低内应力的效果。

5. 消除内应力的方法

① 整体高温回火　将整个焊接工件加热到一定温度,然后保温一段时间,再冷却。消除内应力的效果主要取决于加热的温度、材料的成分和组织,以及应力状态、保温时间。

② 局部高温回火　将工件局部(主要是焊接区域)加热到一定温度,然后保温一段时间,再冷却。局部高温回火只能降低应力降值,而不能完全消除,消除应力的效果不如整体高温回火。但局部处理可以改善焊接接头的机械性能。局部高温回火处理的对象只限于比较简单的焊接接头。

③ 机械拉伸法　通过机械拉伸消除内应力,又称过载法。因为焊接残余内应力是由于局部压缩塑性变形引起的,所以加载应力越高,压缩塑性变形就抵消得越多,内应力也就消除得越彻底。

④ 温差拉伸法　利用局部加热的温差来拉伸焊缝区。在焊缝两侧局部加热,在加热区后面一定距离用一个带有排孔的水管喷头冷却,利用温差引起外力来进行拉伸。

⑤ 振动法　利用敲击或振动来消除内应力。从内应力的消除效果看,振动法比用同样大小的静载拉伸好。在振动变载荷下,材料的 σ_s 有所降低,因此内应力在变载荷下比较容易消除。

振动消除内应力的方法的优点是设备简单而价廉,处理成本低,时间比较短,不存在高温回火时的金属氧化问题。

4.3.2　焊接变形

焊接变形是焊接应力的存在导致的构件变形。焊接变形不仅给装配工作带来很大困难,还影响构件的工作性能。构件的变形量超过允许数值时必须进行矫正,矫正无效时只能报废。因此,在设计和制造焊接结构时,应尽量减小焊接应力和变形,在焊接时进行局部加热,以达到减小应力的目的。

1. 焊接变形的形式及产生原因

焊接金属件的结构和焊接工艺等因素不同,焊接变形的形式也不尽相同。

① 纵向收缩变形　构件焊后在焊缝方向发生收缩引起的变形,如图 4-12 中的 ΔL。

② 横向收缩变形　构件焊后在垂直焊缝方向发生收缩引起的变形,如图 4-12 中的 ΔB。

③ 挠曲变形　挠曲是由焊缝纵向收缩或焊缝横向收缩引起的,如图 4-13 所示。

④ 角变形　角变形是由于焊缝截面上下不对称,焊后沿横向上下收缩不均匀而引起的,如图 4-14 所示。

⑤ 波浪变形　波浪变形则是由于薄板焊接后焊缝收缩时,产生较大的收缩应力,使焊件丧失稳定性而引起的,如图 4-15 所示。

⑥ 错边变形　焊接过程中,两焊接件的热膨胀不一致引起的长度方向上的错边和厚度方向上的错边,如图 4-16 所示。

⑦ 螺旋形变形　焊后在结构上出现的扭曲,如图 4-17 所示。

焊接变形在焊接结构生产中往往并不是单独出现的,而是同时出现,互相影响的。

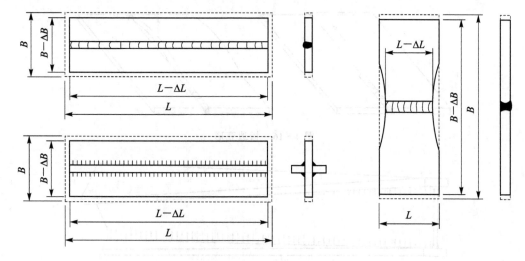

图 4-12 收缩变形

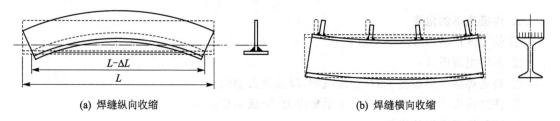

(a) 焊缝纵向收缩　　　　　　　　　(b) 焊缝横向收缩

图 4-13 挠曲变形

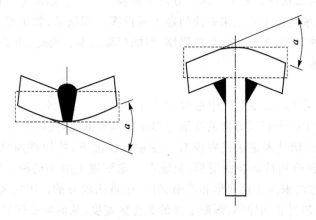

图 4-14 角变形

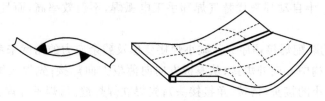

图 4-15 波浪变形

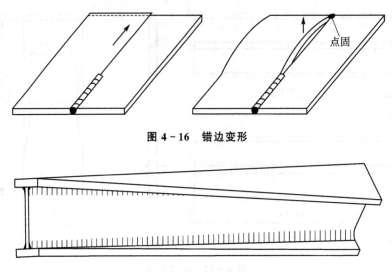

图 4-16 错边变形

图 4-17 螺旋形变形

2. 焊接变形的危害

① 使工件形状尺寸不合要求;
② 影响组装质量;
③ 矫正焊接变形很费工时,增加成本,降低接头塑性;
④ 使结构形状发生变化,并产生附加应力,降低承载能力。

3. 预防焊接变形的措施

焊接残余变形可以从设计和工艺两个方面来解决。设计上如果考虑得比较全面,注意减少焊接变形,往往比单纯从工艺上来解决问题方便得多。相反地,如果设计考虑不周,则会给生产带来许多额外的工序,大大延长生产周期,增加产品成本。因此,除了要研究工艺措施外,还必须重视设计措施。

(1) 工艺措施

① 反变形法 反变形法是生产中最常用的方法之一。事先估计好结构变形的大小和方向,然后在装配时给予一个相反方向的变形与焊接变形相抵消,使焊后构件保持设计的要求。

② 刚性固定法 刚性固定法是在没有反变形的情况下,将构件加以固定来限制焊接变形。用这种方法来预防构件的挠曲变形,只能在一定程度上减小这种变形,效果远不及反变形。但是利用这种方法来防止角变形和波浪变形,还是比较好的。固定装置不但可以防止工件的移动,还可以均匀可靠地导热,限制工件的高温区宽度,从而降低焊后的变形。

③ 合理地选择焊接方法和规范 选用线能量较低的焊接方法,可以有效地防止焊接变形。例如采用 CO_2 半自动焊来代替气焊和手工电弧焊,不但效率高,而且可以减小薄板结构的变形。

④ 选择合理的装配焊接顺序 从减小焊接变形及残余应力的角度来考虑,合理的装配焊接顺序是从焊接结构中心向外焊接;从厚板方向向薄板方向焊接;先焊收缩量大的接头(对接接头),后焊收缩量小的接头(搭接、角接接头);先焊立焊焊缝,后焊平焊焊缝;平行焊缝尽量同时同方向焊;先焊错开的短焊缝,后焊直线长焊缝。

(2) 设计措施

① 在保证结构的承载能力和焊接质量的条件下,设计时应该尽量采用较小的焊缝尺寸、合理的坡口形式和尺寸。

尽量减少填充金属,减少热输入。片面地加大焊缝尺寸的错误倾向,对控制焊接变形不利。角焊缝在许多情况下往往受力不大。但并不是焊缝越小越好,焊接尺寸太小的焊缝,冷却速度过大,容易产生一系列焊接缺陷,如裂纹、热影响区硬度过高等。

② 尽可能减少不必要的焊缝。在焊接结构中应该力求焊缝数量少,避免不必要的焊缝。在设计焊接结构时,常常需要采用筋板来提高板结构的稳定性和刚性。但是为了减轻重量,采用薄板、不适当地大量采用筋板,不但增加了装配和焊接工作量,而且因焊接变形大,增加校正工时,反而不经济。

③ 合理地安排焊缝的位置。在设计时,安排焊缝尽可能对称于截面中性轴,或者使焊缝接近中性轴,这对减少梁、柱等一类结构的挠曲变形有良好的效果。焊缝对称于中性轴,可使焊缝所引起的挠曲变形互相抵消。焊缝接近断面中性轴,可以减小焊缝所引起的挠曲。

4. 矫正焊接变形的方法

矫正焊接变形的主要方法有机械矫正法和火焰加热矫正法。

(1) 机械矫正法

延展焊缝及其周围压缩塑性变形区域的金属以达到消除焊接变形的目的。

① 压力机矫形　利用压力机加载,对工件进行矫形。压力机常用于较大厚度工件的矫形。

② 锤击法　锤击法比较简单,经常用来矫正不太厚的板结构。锤击法的缺点是劳动强度大,构件表面质量不好。

③ 碾压法　利用圆盘形辊轮来碾压焊缝及其两侧,使之伸长来达到消除变形的目的。当薄板结构的焊缝比较规则时(例如直焊缝或圆周焊缝),采用碾压法消除焊接变形效率较高,焊缝质量较好。

(2) 火焰加热矫正法

火焰加热矫正法是利用火焰局部加热时产生压缩塑性变形,使较长的金属在冷却后收缩,来达到矫正变形的目的。

火焰加热法采用一般的气焊焊具,不需要专门的设备,方法简便,比较机动,可以在船舶等巨型结构上进行矫正,因此在生产上应用较广。火焰矫正的效果,关键在于正确地选择加热位置和加热范围。

火焰加热法基本上采用线状加热,按照工艺的不同可分为以下三种方法。

① 不用水冷的火焰加热法,又称空冷;

② 采用正面跟踪水冷的火焰加热法,又称正冷;

③ 采用背面跟踪水冷的火焰加热法,又称背冷。

角变形效果以背冷最大,空冷次之,正冷最小。横向收缩效果以背冷最大,正冷次之,空冷最小。

4.4　焊接缺陷

焊接接头中存在的不连续性、不均匀性以及其他不健全的缺损,称为焊接缺欠。

根据产品设计或工艺文件的要求,凡是不符合焊接产品使用性能要求的焊接缺欠称为焊接缺陷,即焊接过程中所形成的焊缝不足、不完善的地方也可以说是焊缝本身的缺损或损伤。

焊接缺欠是绝对的,是焊接接头中客观存在的某种间断或不完整,而焊接缺陷是相对的。同一类型、同一尺寸的焊接缺欠,出现在制造要求高的产品中,可能被认为是焊接缺陷,必须返修,但出现在制造要求低的产品中,可能认为是可接受的、合格的焊接缺欠,不需要返修。因此,判别焊接缺欠是否是焊接缺陷要根据产品相应的法规、标准和制造技术要求进行评定。在这些法规、标准和制造技术条件中,依据焊接产品使用性能,从焊接质量、可靠性和经济性之间的平衡综合考虑,规定什么焊接缺欠相对制造技术条件的产品是可能接受的,什么焊接缺欠是对产品运行构成危险的、不可接受的焊接缺欠。

焊接缺陷的存在,不仅会降低焊接接头的使用性能,影响结构的安全使用,严重时还会导致脆性破坏,引起重大事故。影响程度较大的焊接缺陷有裂纹、未熔合和未焊透、咬边、夹渣、气孔五种(影响程度依次递减)。

焊接缺陷包括气孔、夹渣、未焊透、未熔合、裂纹、凹坑、咬边、焊瘤等。这些缺陷中的气孔、夹渣(点状)属于体积型缺陷;条渣、未焊透、未熔合与裂纹属于线性缺陷,也可称面型缺陷,裂纹与未熔合缺陷更为典型;凹坑、咬边、焊瘤及表面裂纹属于表面缺陷;其他缺陷(包括内部埋藏裂纹)均属于埋藏缺陷。

4.4.1 气 孔

焊接时,熔池中的气泡在凝固时未能逸出而残留下来所形成的空穴称为气孔,如图4-18所示。

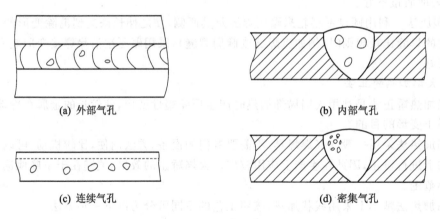

图 4-18 气 孔

焊缝中的气孔是常见的焊接冶金缺陷之一。气孔的危害性比裂纹小,但气孔的尺寸和数量超过一定范围时,就是不允许存在的焊接缺陷。

1. 气孔的分类

(1) 根据产生气孔的气体分类

① 氢气孔;

② 一氧化碳气孔;

③ 氮气孔;

④ 水蒸气气孔。

(2) 根据气孔的形状分类

① 均布气孔　大量气孔比较均匀地分布在整个焊缝金属中。均布气孔是由不合适的焊接操作技术或不恰当的气体保护、焊件表面污染或材料缺陷导致的。

② 密集气孔　形状不规则的密集气孔呈区域化分布。密集气孔是由不正确的引弧或收弧引起的。电弧偏吹也可促使密集气体的产生。

③ 链状气孔　平行于焊缝轴线的成串气孔。它主要是在污染的缺欠处由于气体的逸出引起的。这种气孔可沿焊缝根部或焊道边界呈直线分布。

④ 条状气孔　长度大于宽度且长度方向与焊缝轴线近似平行的非球形的长气孔。

(3) 根据气孔的形成位置分类

① 内部气孔(存在于焊缝内部的气孔);

② 表面气孔(暴露在焊缝表面的气孔)。

(4) 按产生气孔的位置分类(对一条焊缝而言)

① 引弧处气孔;

② 焊道中气孔;

③ 弧坑气孔。

2. 气孔产生的原因及影响因素

(1) 气孔产生的过程及原因

1) 形成气孔的气体来源

焊缝中形成气孔的气体来源有两个:一个是外部的溶解度有限的气体(如氢、氮);另一个是熔池中的冶金反应产物(如一氧化碳、水蒸气等)。在高温金属熔池的冷却过程中,熔池中的气体,由于溶解度降低而处于饱和状态,就会急剧向外逸出,来不及逸出的气体被凝固的焊缝金属包围,就形成了气孔。在焊接过程中促使焊缝形成气孔的气体有 H_2、N_2 和 CO。氢气孔、氮气孔大多出现在焊缝表面,一氧化碳气孔多产生于焊缝内部并沿结晶方向分布。

2) 焊缝中气孔的形成过程

气孔的形成一般经历 4 个过程:气体的吸收过程、气体的析出过程、气泡的长大过程、气泡的上浮过程。

(2) 影响焊缝形成气孔的因素

增加焊接区气体来源的各种因素,如铁锈、水分、油污等杂质,都会增加焊缝形成气孔的倾向。此外,母材的成分、熔渣的组成与性能、焊接的工艺条件等对气孔的形成也具有重要的影响。

1) 焊接熔渣氧化性的影响

熔渣氧化性的强弱对焊缝的气孔敏感性具有很大的影响。当焊接熔渣中含有氟化物时(如萤石),能起良好的去氢作用。因为氟与氢化合生成稳定的 HF,而 HF 不溶于液态金属,从而减少氢气孔的产生。另外,当熔渣中含有一定量的氧化性物质时,如 MnO、FeO、MgO、SiO_2 等,也能起到清除氢气孔的作用。因为这些氧化物中的氧在高温时能与氢化合,生成稳定的、不溶于液体金属的氢氧化合物,从而减少焊缝金属的含氢量,当氧化性过强时,则有可能产生 CO 气孔。

无论是酸性熔渣还是碱性熔渣,当熔渣的氧化性增加时,产生氢气孔的倾向减小,而产生 CO 气孔的倾向增加。相反,当熔渣的氧化性减小、还原性增加时,则产生氢气孔的倾向增加,而产生 CO 气孔的倾向减小。

2) 铁锈、水分及其他杂质影响

焊件或焊接材料中的水分、氧化铁皮、铁锈、油污等杂质也是焊缝出现气孔的重要因素,其中铁锈的影响最大。

铁锈是钢铁腐蚀后的产物,是氧化铁的水化物(通式为 $mFe_2O_3 \cdot nH_2O$),也包含 $Fe_3O_4 \cdot H_2O$,即铁锈含有较多铁的高级氧化物 Fe_2O_3 和结晶水。在电弧焊接的条件下,这些以结晶水形式存在的水分,产生大量的水蒸气,从而使铁氧化产生 H_2。

当液态金属具有足够高的温度时,这些氢便以原子或正离子的形式溶入,扩散至熔池金属中,这就是焊接有铁锈金属时产生氢气孔的主要原因。铁锈的存在一方面增加了熔池的氧化作用,在结晶时促使生成 CO 气孔,另一方面也增加了生成氢气孔的可能性,所以,铁锈是一种极其有害的杂质。

钢板上氧化铁皮的主要成分是 Fe_3O_4 和少量的 Fe_2O_3,虽然没有结晶水,但对产生 CO 气孔仍有较大的影响,因此,焊接生产中要尽量清除焊件上的铁锈等杂质。

受潮或烘干不足的焊剂和焊条药皮、空气中或母材金属表面的水分,受电弧高温的影响,生成氢进入焊接熔池中,同样易增加产生气孔的倾向。

3) 焊接参数的影响

焊接电流、焊接速度、电弧电压等焊接参数,主要是影响焊接熔池的存在时间,熔池存在的时间越短,气体逸出越困难,形成气孔的倾向也越大。

增大焊接电流可增加熔池存在的时间,有利于气体的逸出,但熔滴变细,增加了熔池对气体的吸收量,同时熔深也会增加,反而不利于气体的逸出,增大了生成气孔的倾向。使用不锈钢焊条时,焊接电流和焊芯的电阻热增大,会使焊条末端药皮发红,药皮中的某些组成物(如碳酸盐)提前分解,影响了造气保护效果,因而也增加了气孔的倾向。

4) 电流种类和极性的影响

电流的种类和极性不仅影响电弧的稳定性,还对氢气孔的产生有较大的影响。使用交流电源焊接时,若焊条未烘干,则焊缝易产生气孔。用直流正接法焊接时,生成气孔的倾向较小,而用直流反接法焊接时,生成气孔的倾向最小。这是因为氢气实际上是以正离子形式溶入熔池,当熔池处于阴极时(反接),弧柱空间的氢正离子在熔池表面遇到电子,与之复合为氢原子,从而阻碍了氢的溶解。在使用交流电源焊接时,氢离子在电流改变方向通过零点的瞬间,顺利进入熔池,因此产生气孔的倾向最大。

5) 工艺操作方面的影响

在生产中工艺操作不当也易产生气孔。如焊前未严格按规定要求烘干焊条、焊剂或烘干后放置时间过长,焊前未对焊件、焊丝上的铁锈、水分、油质等污物按要求进行清除,焊接时的规范不稳定(特别是使用碱性焊条时未采用短弧焊接)等,均易产生气孔。

(3) 防止气孔产生的措施

1) 消除产生气孔的气体来源

对焊件及焊丝(焊芯)表面上的油污、铁锈、氧化膜等进行仔细清除,特别是对焊缝两侧 20~30 mm 范围内进行除锈、去污。

对焊接材料进行防潮和烘干。各种焊接材料应防潮包装与存放。按规定烘干焊条或焊剂,控制烘干的焊条或焊剂在大气中的暴露时间,防止吸潮。

2) 加强对熔池的保护

不使用偏心焊条和药皮脱落的焊条,焊剂或保护气体送给不能中断。掌握正确的引弧方法,电弧不得随意拉长,采用短弧焊接,并要配以适当的动作,以利于气体逸出。装配间隙要符合要求,不要太大,防止空气从根部熔池侵入。

3) 正确选择焊接材料和保护气体

通过控制焊接材料的氧化性和还原性,降低气孔的敏感性。

4) 控制焊接工艺条件

控制焊接工艺条件的目的是创造熔池中气体逸出的有利条件,同时限制焊接电弧外围的气体进入熔池。正确选择焊接参数,运条速度不能太快。对于导热快、散热面积大的焊件,若周围环境温度较低,应进行预热,以降低冷却速度。

4.4.2 夹杂物

焊缝中的夹杂物是焊接冶金反应产生的,是焊后残留在焊缝金属中的微观非金属杂质(如氧化物、硫化物等)。焊缝中的夹渣是固体夹杂的一种,如图 4-19 所示。夹渣是指焊后残留在焊缝中的焊渣,是由于焊接参数选择不当或操作技术的原因引起的;金属夹杂是残留在焊缝金属中的来自外部的金属颗粒(如夹钨);而夹杂物是由于焊接化学冶金反应产生的。

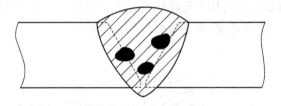

图 4-19 夹 渣

夹杂物的存在不仅会降低焊缝金属的塑性,增大低温脆性,降低韧性和疲劳强度,在外力作用下,夹杂物周围还会产生应力集中,使夹杂物通常成为裂纹源而增加产生热裂纹。

1. 夹杂物产生的原因

(1) 氧化物夹杂物

氧化物夹杂物产生的主要原因是熔池脱氧不完全,其中的 FeO 与其他元素作用而生成,一般多以复合硅酸盐形式存在。这类夹杂物基本上都是低熔点的物质,在焊缝结晶时最后凝固,少量液体夹杂物存在于固体晶粒之间。这些夹杂物是由于焊工操作不当而混入焊缝中的,会导致焊缝的韧性降低。

(2) 氮化物夹杂物

氮化物夹杂物是在保护不良的情况下,焊接碳钢和低合金钢时,液态金属与空气中的氮反应后,残留在焊缝金属中的夹杂物,主要以氮化物 Fe_4N 夹杂的形式存在。氮化物在时效过程中以针状夹杂形式存在于焊缝金属中,对焊缝的力学性能影响较大,会使抗拉强度提高,塑性和韧性下降,焊缝变脆。但在良好保护条件下焊接时,生成氮化物的概率很小。

(3) 硫化物夹杂物

硫化物夹杂物是当母材、焊丝、药皮等材料的含硫量较高时,在焊缝中形成的。硫在焊缝中主要以 FeS 和 MnS 两种硫化物的形态存在。其中 FeS 对焊缝的危害最大,因为 FeS 沿晶界析出与 Fe 或 FeO 形成低熔点共晶,增加了生成热裂纹的倾向。

2. 防止和减少焊缝中形成夹杂物的措施

在焊缝中分布细小、均匀的夹杂物,对焊缝的塑性和韧性不会有明显的影响,反而还可改善焊缝金属的韧性与塑性,但对于粗大的夹杂物则必须采取措施防止或消除。防止和减少焊缝中形成夹杂物的措施主要从以下两个方面着手。

(1) 控制夹杂物的来源

正确选择焊条、药芯焊丝、焊剂的渣系,以便在焊接过程中充分脱氧、脱硫。另外还要严格控制原材料中的杂质含量,杜绝夹杂物的来源。

(2) 采取相应的工艺措施

选用较大的热输入,使熔池有足够的存在时间;焊条电弧焊时,焊条要做适当的摆动,使熔池搅动,以促使夹杂物的浮出;多层焊时,层间的清渣要彻底,防止残留的焊渣在焊接下一层时,进入熔池而形成夹杂物;采用短弧焊接,以保护焊接熔池免受空气中氮的侵入。

4.4.3 焊接裂纹

焊接裂纹是指在焊接应力及其他致脆因素共同作用下,焊接接头中局部地区的金属原子结合力遭到破坏而形成的新界面所产生的缝隙,如图 4-20 所示。焊接裂纹具有缺口尖锐和长宽比大的特征。裂纹是焊接结构中危险性较大的缺陷之一。由于裂纹在承载时可能会不断地延伸和扩大,轻者会使产品报废,重者会引起严重的事故。

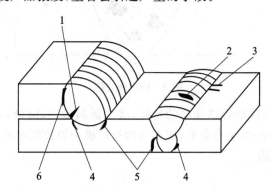

1—焊缝纵向裂纹;2—焊缝横向裂纹;3—热影响区横向裂纹;
4—焊根裂纹;5—焊趾裂纹;6—焊道下裂纹

图 4-20 相对焊缝位置的裂纹

焊接裂纹按产生的本质,可分为热裂纹、再热裂纹、冷裂纹、应力腐蚀裂纹和层状撕裂五大类。其中,热裂纹和冷裂纹最为常见。

1. 热裂纹

热裂纹通常产生于焊缝金属内,但也可能产生于焊接熔合线附近的被焊金属(母材)内。按热裂纹形成过程的特点,又可分为下列三种情况。

(1) 结晶裂纹

结晶裂纹是最常见的热裂纹。结晶裂纹主要产生于含杂质(含 S、P、C、Si 偏高)较多的碳钢、低中合金钢、奥氏体钢、镍基合金和某些铝合金焊缝中。结晶裂纹大多数产生于焊缝中部,纵向分布在焊缝中心,也有些呈弧形分布在焊缝中心线的两侧,与焊波垂直分布。

结晶裂纹产生的主要原因有冶金因素和工艺因素两方面。

防止结晶裂纹的产生要从控制焊缝金属成分和调整焊接工艺两方面着手。

1）控制焊缝金属成分

控制母材和焊接材料的化学成分，严把材料关。严格限制焊缝中的碳、硫、磷含量，是防止产生结晶裂纹的根本措施。同时适当提高锰含量，也可抵消部分碳、硫、磷等杂质的不利影响。在焊接结晶裂纹倾向大的钢时，应尽量选用碱性焊条和焊剂。在焊缝或母材中加入一些可细化晶粒的元素，如钛、铝、锆、硼或稀土金属铈和镧等变质剂，能起到细化晶粒、增加晶界面积的作用，同时又打乱了柱状晶的结晶方向，减少了杂质的偏析，破坏了液态薄膜的连续性，增加了抗裂性。最常用的变质剂是钛。通过调整母材和焊接材料成分，提高焊缝的抗裂性。

2）调整焊接工艺

减少热输入（如采用小的焊接电流），避免焊缝中产生粗大的柱状组织，以便得到晶粒细小的组织，打乱柱状晶的结晶方向。防止杂质聚集在焊缝中心柱状晶对生处，在垂直应力作用下，形成结晶裂纹。调整合理的焊接参数来控制焊缝成形系数，适中的焊缝成形系数可以降低结晶裂纹倾向。选择合理的焊接顺序，焊接顺序直接影响焊缝金属在冷却中能否自由收缩，尽量使大多数焊缝能在较小刚性的条件下焊接，使各条焊缝都有收缩的可能，以减小焊接应力。接头的冷却速度越大，变形速度也越大，产生结晶裂纹的倾向越大。采用碱性焊条和焊剂可提高抗裂能力。

（2）液化裂纹

液化裂纹主要产生于焊缝熔合线附近的母材中，有时也产生于多层焊的先施焊的焊道内。液化裂纹形成的原因是在焊接热的作用下，焊缝熔合线外侧金属内产生沿晶界的局部熔化，以及在随后冷却收缩时引起的沿晶界液化层开裂。造成这种裂纹的情况有两种：一是材料晶粒边界有较多的低熔点物质；二是由于迅速加热，使某些金属化合物分解而又来不及扩散，导致局部晶界出现一些合金元素的富集甚至达到共晶成分。防止这类裂纹产生的原则是严格控制杂质含量，合理选用焊接材料，尽量减少焊接热的作用。

（3）多边化裂纹

多边化裂纹是在低于固相线温度下形成的，其特点是沿"多边形化边界"分布，与一次结晶晶界无明显关系；易产生于单相奥氏体金属中。这种现象可解释为由于焊接的高温过热和不平衡的结晶条件，使晶体内形成大量的空位和位错，在一定的温度、应力作用下排列成亚晶界（多边形化晶界），当此晶界与有害杂质富集区重合时，往往形成微裂纹。消除此种缺陷的方法是加入可以提高多边形化激活能的合金元素，如在 Ni-Cr 合金中加入 W、Mo、Ta 等；另一方面是减少焊接时过热和焊接应力。

2. 冷裂纹

冷裂纹是焊接接头冷却到较低温度时产生的焊接裂纹。冷裂纹是在焊后较低温度下产生的，有可能在焊后立即出现，也有可能在焊后延续一定时间才产生。如果钢的焊接接头冷却到室温后，并在一定时间（几小时、几天，甚至十几天）才出现焊接冷裂纹，则此裂纹就称为延迟裂纹，它是冷裂纹中比较普遍的一种形态，也是最危险的焊接缺陷。

焊接冷裂纹是钢的淬硬倾向、焊缝中扩散氢的作用和焊接接头金属所承受的拉应力造成的金属塑性下降三个因素交互作用的结果。

冷裂纹主要发生在低合金钢、中合金钢和高碳钢的热影响区，焊接超高强钢或某些钛合金时冷裂纹也出现在焊缝上。从焊缝的表面看,热影响区的冷裂纹主要沿熔合线纵向分布,焊缝上的冷裂纹则横向分布。

冷裂纹产生的温度较低,断口没有氧化色彩而呈闪亮的金属光泽。冷裂纹的断口沿晶界开裂或是穿晶扩展,呈冰糖状或岩石状,棱角分明。

根据裂纹引起的主要原因,冷裂纹可分为淬火裂纹、氢致延迟裂纹和变形裂纹。

(1) 淬火裂纹

淬火裂纹是产生在钢的马氏体转变点附近或在 200 ℃ 以下的裂纹。淬火裂纹主要发生于中、高碳钢,低合金高强度钢以及钛合金等,产生部位在热影响区以及焊缝金属内。形成淬火裂纹的主要原因有金属的含氢量偏高,存在脆性组织或对氢脆敏感的组织,焊接拘束应力(或应变)集中。

(2) 氢致延迟裂纹

焊接过程中溶于焊缝金属内的氢向热影响区扩散、偏聚,特别是在容易启裂的三轴拉应力集中区富集,引起氢脆,即降低金属在启裂位置(或裂纹前端)的临界应力,当此处的局部应力超过此临界应力时,就造成开裂。这种裂纹的形成有明显的时间延迟特征,其原因在于氢扩散富集需要时间(孕育期)。产生此种裂纹的条件是存在着氢和对氢敏感的组织,同时又有较大的拘束应力。因此,氢致延迟裂纹常产生在严重应力集中的焊件根部和缝边,以及过热区。

氢致延迟裂纹防止的措施包括:

① 降低焊缝中的含氢量,例如采用低氢焊条,严格烘干焊接材料等;
② 合理地预热及后热;
③ 选用碳当量较低的原材料;
④ 减小拘束应力,避免应力集中(见金属中氢)。

(3) 变形裂纹

变形裂纹的形成不一定是因为氢含量偏高,在多层焊或角焊缝产生应变集中的情况下,拉伸应变超过了金属塑性变形能力时也会产生变形裂纹。

4.4.4 其他焊接缺陷

1. 咬 边

由于焊接参数选择不当或操作方法不正确,沿焊趾的母材部位产生的沟槽或凹陷称为咬边,如图 4-21 所示。咬边一般位于焊缝和母材连接处、角焊缝的焊趾处或坡口焊缝的熔合线处,也可能出现在单面焊接的坡口焊缝根部。平焊时一般较少出现咬边,咬边容易出现在立位置、横位置、仰位置焊接时。

有些咬边呈弧形缺口,而有些咬边呈尖锐缺口。咬边产生的缺口越深越尖锐,说明缺陷越严重。所有的焊缝都有不同程度的咬边,只有当咬边的深度超过了允许的数值时,才被视为不可接受的焊接缺陷。

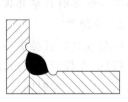

图 4-21 咬 边

(1) 咬边产生的原因

① 焊接参数选择不当,如焊接电流过大,电弧过长。
② 焊接操作不恰当,如焊条的角度和摆动不正确。

③ 焊条端部药皮的电弧偏吹以及焊件的位置安放不当等。

(2) 防止产生咬边的方法

① 正确选择焊接电流及焊接速度。

② 适当控制电弧的长度。

③ 正确应用运条方法和焊条角度,在平、立、仰焊位置焊接时,焊条沿焊缝中心线保持均匀对称地摆动。横焊时,焊条角度应保证熔滴平稳地向熔池过渡而无下淌现象。

2. 焊 瘤

焊瘤是由于焊缝金属铺展或流溢而超出未熔化的焊趾或焊缝,从而在未熔化的母材上形成的金属瘤,如图 4-22 所示。

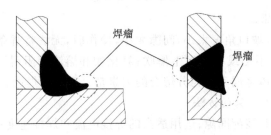

图 4-22 焊 瘤

(1) 焊瘤产生的原因

焊缝间隙太大、操作不当、焊条位置和运条方法不正确、焊接电流过大或焊接速度太低、电弧过长或焊条熔化太快都可能产生焊瘤。

(2) 防止产生焊瘤的方法

① 正确选择焊接参数,装配间隙不能过大;

② 提高操作者的技术水平,灵活调整焊条角度和运用正确的运条方法;

③ 严格控制立、仰焊时的熔池温度,不使其过高。

3. 凹 坑

焊接后在焊缝表面或焊缝背面形成的低于母材表面的局部低洼部分称为凹坑,如图 4-23 所示。弧坑是凹坑的一种,是在焊缝收弧处产生的凹陷现象。

凹坑减小了焊缝的有效截面,降低了焊缝的承载能力。而弧坑由于杂质的集中,还会导致弧坑裂纹的产生。

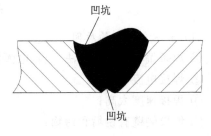

图 4-23 凹 坑

(1) 凹坑与弧坑产生的原因

① 操作技术不熟练,不能很好地控制熔池形状;

② 焊接电流过大,电弧拉得过长,焊条又未做适当的摆动,或过早进行表面焊缝的焊接;

③ 收尾熄弧时,未填满弧坑等。

(2) 防止凹坑与弧坑产生的方法

采用短弧焊接,熟练掌握操作技能,焊后填满弧坑。对于重要的焊接结构要设置引出板,在收弧时将电弧过渡到引出板上,避免焊件上出现弧坑。

4. 未焊透

未焊透是焊接时接头根部未完全熔透的现象，也指焊缝深度未达到设计要求的现象，如图 4-24 所示。

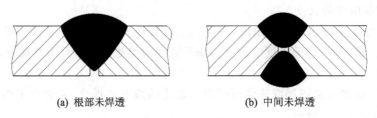

(a) 根部未焊透　　　　(b) 中间未焊透

图 4-24　未焊透

(1) 未焊透产生的原因

焊接坡口钝边过大，坡口角度太小，间隙太小，操作时，无法将焊条伸入根部；焊接电流太小，速度过快；运条角度不当或电弧发生偏吹；氧化物和熔渣等阻碍了金属间的充分熔合等。凡是造成焊条金属和基体金属不能充分熔合的因素都会引起未焊透。

(2) 防止产生未焊透现象的方法

正确选择坡口形式和装配间隙；选用适当的焊接电流和焊接速度；正确掌握焊条角度和运条方法，认真操作，防止焊偏。

5. 未熔合

未熔合是熔焊时，焊道与母材之间或焊道与焊道之间，焊条未完全熔化就结合的部分，如图 4-25 所示。

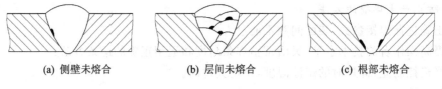

(a) 侧壁未熔合　　　　(b) 层间未熔合　　　　(c) 根部未熔合

图 4-25　未熔合

(1) 未熔合产生的原因

① 焊条偏心或运条方法不当，电弧发生偏吹；

② 焊接电流太小；

③ 焊接速度太高；

④ 坡口侧壁有锈垢和污物；

⑤ 焊层间清渣不彻底等。

(2) 防止未熔合产生的方法

① 正确选择焊接电流、焊接速度；

② 加强坡口清理和层间清渣；

③ 焊条偏心时应调整角度，使电弧处于正确方向。

④ 焊接时注意运条角度和边缘停留时间，使坡口边缘充分熔化以保证熔合。

6. 烧　穿

烧穿是在焊接过程中，熔化金属自坡口背面流出，形成穿孔的缺陷，如图 4-26 所示。

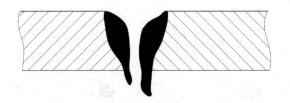

图 4-26 烧穿

(1) 烧穿的危害

烧穿缺陷不仅影响焊缝外观,还会使该处的焊缝强度减弱,甚至还会使焊接接头失去承载能力,所以烧穿是一种不允许存在的焊接缺陷。

(2) 产生烧穿的原因

焊件的装配间隙太大或钝边太薄;焊接电流过大,焊接速度太低以及电弧在焊缝某处停留的时间太长等都会使焊件加热过度产生烧穿。

(3) 防止产生烧穿的方法

严格控制焊件的装配间隙,选用适当的焊接参数,减少熔池在某一处停留的时间。

4.5 焊接结构工艺设计

4.5.1 焊接结构生产工艺过程

各种焊接结构,其主要的生产工艺过程为:备料→装配→焊接→焊接变形矫正→质量检验→表面处理(油漆、喷塑或热喷涂等)。

① 备料 包括型材选择,型材外形矫正,按比例放样、划线,下料切割,边缘加工,成形加工(折边、弯曲、冲压、钻孔等)。

② 装配 利用专用卡具或其他紧固件装置将加工好的零件或部件组装成一体,进行定位,准备焊接。

③ 焊接 根据焊件材质、尺寸、使用性能要求、生产批量及现场设备情况选择焊接方法,确定焊接工艺参数,按合理顺序施焊。

4.5.2 焊接结构工艺设计

焊接结构件种类各式各样,在其材料确定以后,对焊接结构件进行工艺设计,主要包括三方面内容:焊缝布置、焊接方法选择和焊接接头设计等。

1. 焊缝布置

焊缝布置是否合理,直接影响结构件的焊接质量和生产率。因此,设计焊缝位置时应考虑下列原则:

(1) 焊缝应尽量处于平焊位置

各种位置的焊缝,其操作难度不同。以焊条电弧焊焊缝为例,其中平焊操作最方便,易于保证焊接质量,是焊缝位置设计中的首选方案,立焊、横焊位置次之,仰焊位置施焊难度最大,不易保证焊接质量(见图 4-27)。

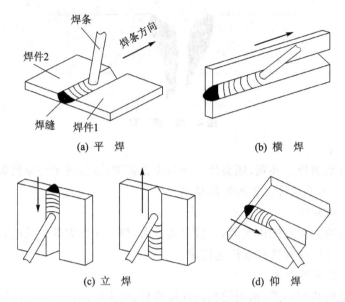

图 4-27 焊条电弧焊焊缝位置

(2) 焊缝要布置在便于施焊的位置

焊条电弧焊时,焊条要能伸到焊缝位置,如图 4-28(a)所示。点焊、缝焊时,电极要能伸到待焊位置,如图 4-28(b)所示。埋弧焊时,要考虑焊缝所处的位置能否存放焊剂。设计时若忽略了这些问题,将难以施焊。

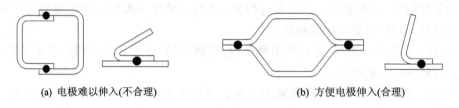

图 4-28 点焊、缝焊的焊缝位置

(3) 焊缝布置要有利于减少焊接应力与变形

① 尽量减少焊缝数量 型材、管材、冲压件、锻件和铸钢件等作为被焊材料,不仅能减小焊接应力和变形,还能减少焊接材料消耗,提高生产率。如图 4-29 所示的箱体构件,采用型材或冲压件焊接(见图 4-29(b)和(c))比板材焊接(见图 4-29(a))减少两条焊缝。

② 焊缝布置应避免密集或交叉 焊缝密集或交叉,会使接头处严重过热,导致焊接应力与变形增大,甚至开裂。因此两条焊缝之间应隔开一定距离,一般要求大于 3 倍的板材厚度,且不小于 100 mm,如图 4-30 所示。处于同一平面焊缝转角的尖角处相当于焊缝交叉,易产生应力集中,应尽量避免,改为平滑过渡结构。即使不在同一平面的焊缝,若密集堆垛或排布在一列都会降低焊件的承载能力。

③ 焊缝布置应尽量对称 当焊缝布置对称于焊件截面中心轴或接近中心轴时,可使焊接中产生的变形相互抵消而减小焊后总变形量。焊缝位置对称分布在梁、柱、箱体等结构的设计中尤其重要,如图 4-31 所示,图(a)中焊缝布置在焊件的非对称位置,会产生较大弯曲变形,不合理;图(b)将焊缝对称布置,均可减小弯曲变形。

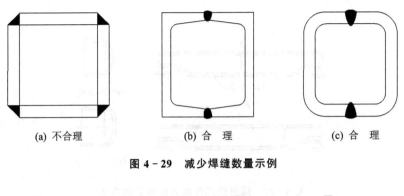

图 4-29 减少焊缝数量示例

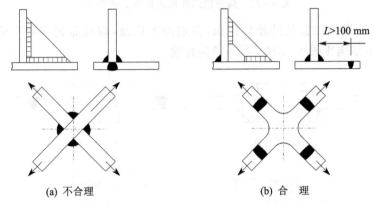

图 4-30 焊缝布置应避免密集和交叉

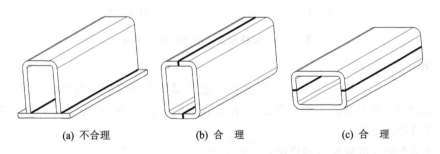

图 4-31 焊缝布置应对称

④ 焊缝布置应尽量避开最大应力位置或应力集中位置　尽管优质的焊接接头能与母材等强度，但焊接时难免出现不同程度的焊接缺陷，使结构的承载能力下降。所以，在设计受力的焊接结构时，最大应力和应力集中的位置不应布置焊缝。在图 4-32 中，大跨度钢梁的最大应力处在钢梁中间，若整个钢梁结构由两段型材焊成，焊缝正布置在最大应力处，则整个结构的承载能力下降；若改用图(b)结构，钢梁由三段型材焊成，虽增加了一条焊缝，但焊缝避开了最大应力处，提高了钢梁的承载能力。压力容器结构设计，为使焊缝避开应力集中的转角处，不应采用图(c)所示的无折边封头结构，应采用图(d)所示有折边封头结构。

⑤ 焊缝布置应避开机械加工表面　采用焊接结构制造的零件如轮毂等，如图 4-33 所示，其某些部位须切削加工。为机械加工方便，先车削内孔后焊接轮辐，为避免内孔加工精度受焊接变形影响，必须采用图 4-33(b)所示结构，焊缝布置离加工面远些。对机加工表面要

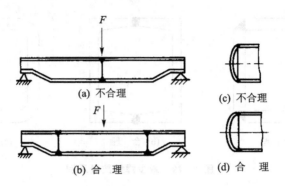

图 4-32 焊缝应避开应力集中处的布置

求高的零件,由于焊后接头处的硬化组织,影响加工质量,焊缝布置应避开机加工表面,如图 4-33(d)所示结构比图 4-33(c)所示结构合理。

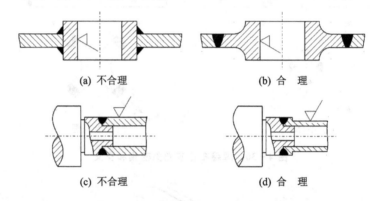

图 4-33 焊缝布置应避开机加工表面

2. 焊接方法的选择

各种焊接方法都有其各自特点及适用范围,选择焊接方法时要根据焊件的结构形状及材质、焊接质量要求、生产批量和现场设备等,在综合分析焊件质量、经济性和工艺可能性之后,确定最适宜的焊接方法。

选择焊接方法时应依据下列原则:

① 焊接接头使用性能及质量要求要符合结构设计要求 选择焊接方法时既要考虑焊件能否达到力学性能要求,又要考虑接头质量能否符合技术要求。如点焊、缝焊都适于薄板轻型结构焊接,缝焊才能焊出有密封要求的焊缝。又如氩弧焊和气焊虽都能焊接铝材容器,但接头质量要求高时,应采氩弧焊。又如焊接低碳钢薄板,若要求焊接变形小时,则应选用 CO_2 保护焊或点(缝)焊,而不宜选用气焊。

② 提高生产率,降低成本 若板材为中等厚度时,选择焊条电弧焊、埋弧焊和气体保护焊均可,如果是平焊长直焊缝或大直径环焊缝,批量生产,应选用埋弧焊。如果是位于不同空间位置的短曲焊缝,单件或小批量生产,采用焊条电弧焊为好。氩弧焊几乎可以焊接各种金属及合金,但成本较高,所以主要用于焊接铝、镁、钛合金结构及不锈钢等重要焊接结构。焊接铝合金工件,板厚>10 mm 时采用熔化极氩弧焊为好,板厚<6 mm 时采用钨极氩弧焊适宜。若板厚>40 mm 钢材的直立焊缝,则采用电渣焊最适宜。

③ 焊接现场设备条件及工艺可能性　选择焊接方法时,要考虑现场是否具有相应的焊接设备,野外施工有没有电源等。此外,要考虑拟定的焊接工艺能否实现。例如,无法采用双面焊工艺又要求焊透的工件,采用单面焊工艺时,若先用钨极氩弧焊(甚至钨极脉冲氩弧焊)打底焊接,更易于保证焊接质量。

3. 焊接接头设计

焊接接头设计包括焊接接头形式设计和坡口形式设计。设计接头形式主要考虑焊件的结构形状和板厚、接头使用性能要求等因素。设计坡口形式主要考虑焊缝能否焊透、坡口加工难易程度、生产率、焊材消耗量和焊后变形大小等因素。

焊接接头按其结合形式分为对接接头、盖板接头、搭接接头、T形接头、十字形接头、角接接头和卷边接头等,如图4-34所示。其中常见的焊接接头形式有对接接头、搭接接头、角接接头和T形接头。

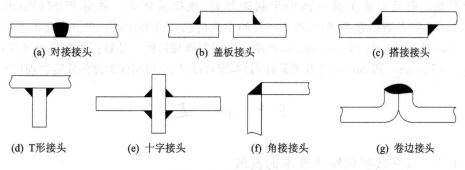

图 4-34　焊接接头形式

习　题

1. 简述金属焊接工艺过程的特点分类。
2. 简述焊条电弧焊的优点和缺点。
3. 简述气焊的优点和缺点。
4. 简述激光焊的优点和缺点。
5. 简述电阻焊的优点和缺点。
6. 简述钎焊的特点。
7. 简述焊接材料的组成及焊条的选用原则。
8. 简述埋弧自动焊的特点。
9. 简述焊接应力产生原因及分类。
10. 简述焊接应力的预防措施。
11. 简述消除内应力的方法。
12. 简述焊接变形的形式及产生原因。
13. 简述预防焊接变形的措施及矫正焊接变形的方法。
14. 简述缺陷的危害及种类。
15. 简述焊接结构的焊缝布置遵循的原则。

第 5 章　航空数字化制造技术

随着我国航空制造行业数字化制造技术的迅猛发展,三维数字化制造技术在整个行业得到了广泛应用,特别是 MBD(Model Based Definition,基于模型定义)技术的应用,使三维数字化模型取代了二维工程图纸成为设计制造过程中的唯一依据。

航空企业为了将新产品快速地低成本、低风险投放市场,与合作伙伴和供应商共同承担风险,采用了数字化设计制造方法,即使用 CAD(Computer Aided Design,计算机辅助设计)软件设计产品,使用 CAE(Computer Aided Engineering,计算机辅助工程)软件模拟产品并在虚拟环境下验证产品,使用 CAM(Computer Aided Manufacturing,计算机辅助制造)软件和设备制造产品。而且三维工具也被用于制造计划、模拟验证等。采用 PDM(Product Data Management,产品数据管理)管理所有产品的相关信息和相关过程。在信息化的基础上开展 PLM(Product Lifecycle Management,产品生命周期管理),使产品数据管理得到延续,与 ERP(Enterprise Resource Planning,企业资源计划)系统对接,以支持现代制造供应链物理层面。

5.1　概　　述

5.1.1　航空数字化制造技术的发展

自 20 世纪 50 年代,针对直升飞机的旋翼等自由曲面加工的 NC 数控机床出现以来,陆续出现了自动编程、计算机辅助设计、柔性制造、计算机辅助设计/计算机辅助制造、计算机集成制造、计算机辅助工程分析、产品数据库管理、企业资源计划、逆向工程技术和快速成型等技术,为各类飞机数字化研制与生产奠定了基础。

随着计算机软硬件技术的快速发展,20 世纪 90 年代,波音公司首先提出并在波音 777 飞机上成体系地应用了航空数字化制造技术,从而使飞机研制周期缩短了 50%,成本降低了 25%,出错与返工率减少了 75%,并大幅度提高了产品质量。

国内对数字化设计制造技术的研究始于 20 世纪 90 年代中期,产品数字化定义、虚拟装配、产品数据管理、数字化样机、设计与制造信息集成、并行工程等技术取得了重大的进步。三维数字化设计制造技术体系正在逐步形成,研制中的多个重点型号工程在不同程度上采用了航空数字化制造技术,这项技术在缩短研制周期、降低成本、提高质量方面发挥了重要作用。我国以 ARJ21、C919、运-20 及四代战斗机等为代表的各种型号飞机研制为契机,建立了中国飞机数字化制造体系,并已达到国际先进水平,如在数字样机设计方面,实现了 100% 三维建模和 100% 的数字化虚拟装配,在中航工业所有型号飞机研制中,数字样机已经完全取代了物理样机。

经过几十年的发展,航空数字化设计与制造技术已经得到普遍应用,并成为航空领域先进制造的主要标志。

随着我国航空事业的发展及各型号飞机项目的立项,航空数字化制造技术已成为飞机研制与生产的关键技术,其应用已经深入到飞机全寿命周期和各个环节。

5.1.2 航空数字化制造技术特点

航空数字化制造技术的本质是产品设计制造信息的数字化,是将产品的结构特征、材料特征、制造特征和功能特征统一起来,应用数字技术对设计制造所涉及的所有对象和活动进行表达、处理和控制,从而在数字空间中完成产品制造过程,即制造对象、状态与过程的数字化表征、制造信息的可靠获取及传递,以及不同层面的数字化模型与仿真。与传统的飞机制造技术相比,航空数字化制造技术在设计工具、设计理念、设计模式的协调方法、制造依据、制造工艺、管理模式等方面都发生了深刻变化。从手工绘图到计算机绘图、从纸上作业到无纸作业、从串行设计到并行设计、从单独设计到协同设计,都体现了数字化设计技术的进步与发展。

数字化制造与传统的制造方式有本质的区别,见表 5-1。

表 5-1 传统制造和数字化制造的区别

比较项目	传统制造	数字化制造
制造依据	二维图纸、样板、标准样件	统一的数据模型
公差要求及其他技术要求	标注在二维图纸上	三维标注在统一的数据模型上,技术要求通过文本注释方式定义在统一的数据模型上
工艺表达	文字和二维图形描述工艺过程和技术要求	文字和三维动画、三维模型以及结构树信息描述工艺过程和技术要求
制造方式	数控加工和普通设备相结合,数控加工需要根据图纸建立零件数模	采用数控设备(数控机床、数控拉弯机、数控弯管机、数控拉形机、数控铺带机、数控钻铆机、数控柔性工装、数控激光切割机等)
制造周期	工艺准备时间长、工装制造周期长、总的制造周期长	总的制造周期短
信息与管理	不容易实现知识的累积和重用、不容易实现信息化管理	容易实现知识的累积和重用、容易实现信息化管理
工装数量	工装数量多	柔性工装的使用使工装数量大大减少
制造精度	零件和装配制造精度低	零件和装配制造精度高
工作模式	串行工作模式,设计阶段完成后开始解决工艺问题,解决不了的工艺问题再通过修改设计解决	并行工作模式,在设计阶段设计和工艺问题同时解决
检验	主要采用传统方式	采用数字化检验设备
检验依据	图纸、标准样件、样板等	统一的产品数据模型

5.2 基本概念和内涵

5.2.1 数字化制造的定义

在数字化技术和制造技术融合的背景下,在虚拟现实、计算机网络、快速原型、数据库和多媒体等技术的支持下,根据用户的需求,迅速收集资源信息,对产品信息、工艺信息和资源信息进行分析、规划和重组,实现产品设计、功能仿真以及原型制造,进而快速生产出达到用户所要求性能的产品。这个制造全过程称为数字化制造。其内涵包括3个层面:以设计为中心的数字化制造技术、以控制为中心的数字化制造技术和以管理为中心的数字化制造技术。

1. 基于模型的工程定义

MBD(Model Based Definition),即基于模型的工程定义,是一个用集成的三维实体模型来完整表达产品定义信息的方法体,它详细规定了三维实体模型中产品尺寸、公差的标注规则和工艺信息的表达方法。MBD模型如图5-1所示。

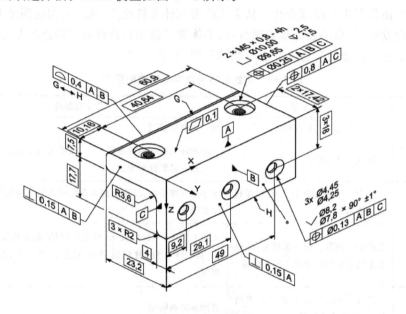

图 5-1 MBD 模型

MBD是产品全生命周期管理(Product Lifecycle Management,PLM)的一种新对策,是基于计算机辅助设计(CAD)模型,将简单的几何数据集合转化成综合性的数据源,为全生命周期服务。采用MBD技术,产品相关的大部分数据包含在CAD模型内,以不同的形式存储在PLM数据库中。MBD的目的是抑制过多的文档和图纸,数据具有较好的协调性,产品和工艺被较好地虚拟化,在工程和制造实践中对所有计算机辅助技术任务都有较好的支撑。现在发展MBD主要是处理基础数据结构,以便在三维CAD模型内部可重复使用格式统一的结构数据。

MBD的主导思想不只是简单地将二维图纸的信息反映到三维数据中,而是充分利用三维模型所具备的表现力,去探索便于用户理解且更具效率的设计信息表达方式。它用集成的三维数模完整地表达了产品定义信息,详细规定了三维数模中产品尺寸、公差的标注规则和工艺信息的表达方法。MBD使三维数模成为生产制造过程中的唯一依据,改变了传统的以工程图纸为主、三维实体模型为辅的制造方法,建立了集三维数字化设计制造于一体的集成应用体系,真正达到无图纸、无纸质工作指令的三维数字化集成制造。

(1) MBD 内涵

MBD数据模型通过图形和文字表达的方式,直接地或通过引用间接地揭示了一个物料项BOM(Bill of Material)的物理和功能需求。MBD模型分为装配模型与零件模型,其组织定义如图 5-2 所示。

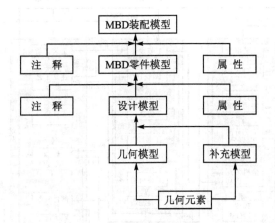

图 5-2 MBD 模型组织定义

MBD 零件模型由以简单几何元素构成的、用图形方式表达的几何信息和以文字表达的注释、属性数据组成。MBD 装配模型由一系列 MBD 零件模型组成的装配零件列表加上以文字表达的注释和属性数据组成。零件设计模型以三维方式描述了产品几何形状信息,属性数据表达了产品的原材料规范、分析数据和测试需求等产品内置信息;而注释数据包含了产品尺寸范围、公差范围、制造工艺和精度要求等生产必需的工艺约束信息。

(2) 基于 MBD 的数字化制造流程

飞机的研制必须经历产品设计、工艺设计、工装设计、产品制造和检验检测 5 个主要环节,并在产品制造和检验检测环节中,由三维设计数模分别派生出三维工艺数模和检验数模。基于 MBD 的飞机数字化制造技术应用体系包括 MBD 技术应用、技术开发和技术规范三大部分,如图 5-3 所示。基于 MBD 的数字化制造流程如图 5-4 所示。

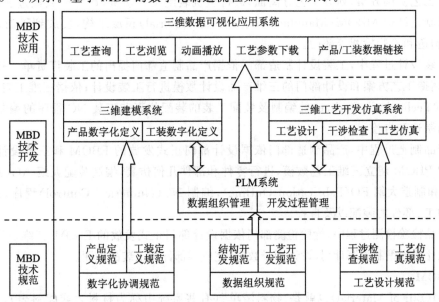

图 5-3 基于 MBD 的飞机数字化制造技术应用体系

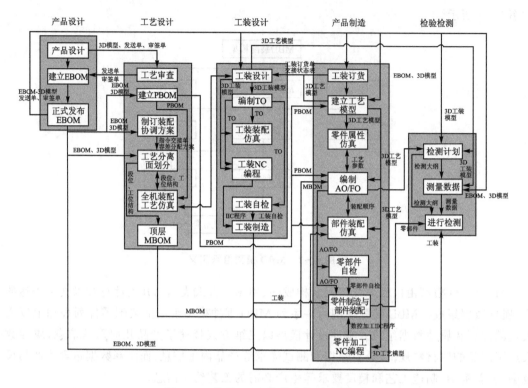

图 5-4 基于 MBD 的数字化制造流程

在工艺设计过程中,工艺部门依据设计部门预发放的三维设计数模进行工艺分析,并向设计部门反馈工艺审查意见;依据设计部门正式发放的产品设计结构 EBOM(Engineering Bill of Material)和三维设计数模,建立产品工艺结构 PBOM(Process Planning Bill of Material),制订装配工艺协调方案,划分工艺分离面,进行全机装配工艺仿真,最终形成经过装配仿真验证的产品制造结构 MBOM(Manufacturing Bill of Material)顶层结构,发放到下游的工装设计、专业制造和检验检测等部门。

在工装设计过程中,工装设计制造部门依据产品制造部门提出的工装订货单、三维工艺数模、产品制造工艺方案和设计部门的三维产品设计数模进行工装设计;依据三维工装设计数模进行 TO(Technology Outline)的编制及装配工装的装配仿真和工装 NC 程序的编制,最终完成工装的制造和自检。

在产品制造过程中,产品制造部门依据设计部门正式发放的 EBOM 和三维设计数模、工艺部门的 PBOM 建立三维工艺数模,进行零件和部件几何仿真,编制装配大纲 AO(Assembly Outline)和制造大纲 FO(Fabrication Outline),编制 NC(Numerical Control)程序,最终完成零件的加工、部件的装配以及自检。

在产品检验检测过程中,检验检测部门依据设计部门正式发放的 EBOM、三维设计数模,三维工装设计数模编制检测计划,设计测量数据,完成零部件和工装的检测。

2. BOM

BOM(Bill of Material)也就是"物料清单"(有些系统中称为材料表或配料表),是生产一个产品所需零件或部件的清单。它详细记录了一个项目所用到的所有下级材料及相关属性,即母件与所有子件的从属关系、单位用量及其他属性。不同部门中的 BOM 及其相互关系如图 5-5 所示。

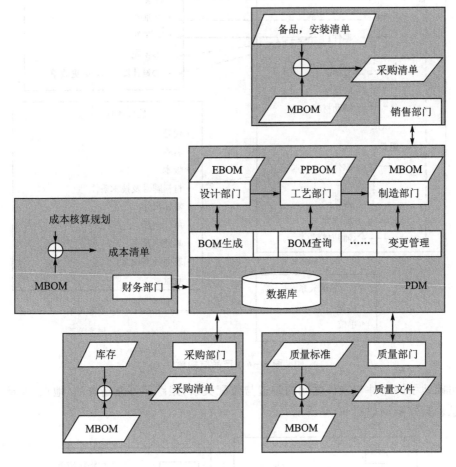

图 5-5　不同部门中的 BOM 及其相互关系

　　BOM 包括的信息有：物料的结构层次、编号、名称、规格、计量单位、数量成品率、来源类型（自制/外购/外加工）和提前期（累计提前期），此外还标注有效期（生效期/失效期）。物料清单文件列表结构有层次性，显示每完成一单位产（成）品所需下一层次的各细项数量（各组件和构件数量）。

　　EBOM（Engineering BOM）是产品工程设计管理中使用的数据结构，通常精确地描述了产品的设计指标和零件与零件之间的设计关系。它对应的文件形式主要有产品明细表、图样目录、材料定额明细表及产品各种分类明细表等。通常以图 5-6 所示的产品结构树作为其表现形式，树上每个节点关联各类属性或图形信息。

　　PBOM（Process planning BOM）是企业的工艺设计部门用来组织和管理生产某种产品及其相关零部件的工艺文件。工艺设计部门以 EBOM 中的数据为依据，根据其工艺路线分工计划、实际制造中的加工与装配过程及装配部门对装配件和加工件的交付状态的要求，通过调整EBOM 中的零部件的装配关系，设置零部件的不同状态，形成工艺设计过程中的虚拟件，对EBOM 再设计出用于指导工艺工作的产品数据清单。它用于工艺设计和生产制造管理，使用

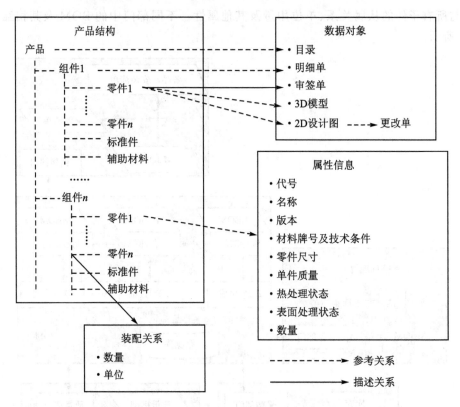

图 5-6 产品结构树

它可以明确地了解零件与零件之间的制造与装配关系，跟踪零件制造方法、地点、人员、物料和过程信息。具体实例如图 5-7 所示。

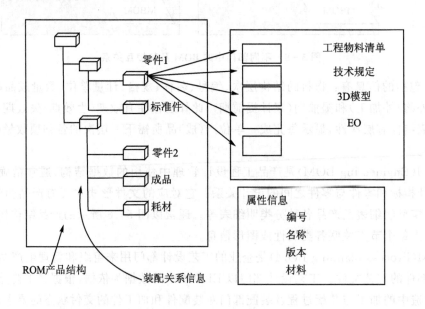

图 5-7 从 EBOM 构建 PBOM 的过程

MBOM（Manufacturing BOM）是企业生产制造部门用来组织和管理在实际制造和生产管理过程中生产某种产品所需的零部件 BOM。MBOM 是根据产品的 EBOM 和 PBOM 制定的，在 PBOM 的基础上，增加详细的工艺、材料、制造资源（工装、刀具、量具和设备等）、工时定额及材料定额信息，同时生产制造管理部门可以根据工艺部门制定的 PBOM，参考工艺设计中的零件的加工步骤与装配件的装配步骤，更改零部件的装配顺序，详细描述产品制造过程和制造数据的基础性数据。同时，MBOM 作为制造部门的主要数据，可用于工艺设计、工艺分工、工艺管理及工艺文件的跟踪。MBOM 的完整性和准确性对于缩短生产准备周期、协调各部门的工作具有举足轻重的作用。具体实例如图 5-8 所示。

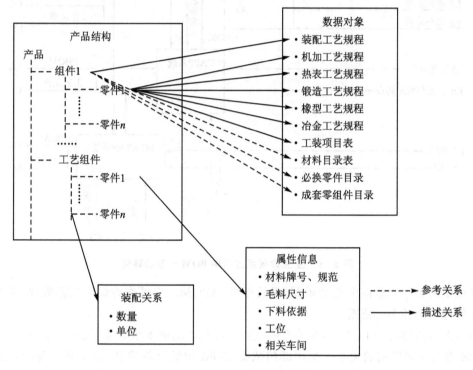

图 5-8　MBOM

目前，在企业信息化环境中往往具有多个信息系统并存的状况。在多系统的企业生产环境中，实现产品信息共享，解决 BOM 在多系统中的集成问题，一致性和时效性问题就显得尤为迫切。如图 5-9 所示，基于贯穿企业信息过程的 BOM 信息流，实现企业的多信息系统集成，可以达到提高数据共享度、数据传递时效性和准确性的目的。

通过 CAD 工具与 PDM 系统的集成，依据 CRM（Customer Relationship Management）系统传递的产品和设计需求，在 PDM 系统中可产生面向工程设计的 EBOM 视图、产品属性和材料信息、三维设计模型及其他技术文件。通过集成接口获取 EBOM 后，CAPP 系统依据工艺需求，参考车间加工能力，添加工艺分工、加工和装配约束、零组件交付要求信息，将 EBOM 转换为 PBOM。在工艺设计过程中，同时要查找工艺资源，如工装、设备和辅助材料等。具有重要纽带作用的 CAPP 系统将输出工艺文件、工艺报表和完成工艺资源管理工作。在 MES/ERP 环境中，生产制造管理部门根据工艺部门生成的 PBOM，参考工艺设计中零件的加工步骤与装配件的装配步骤，更改零部件的装配顺序，增加工艺资源、工时、材料和物料等信息，以

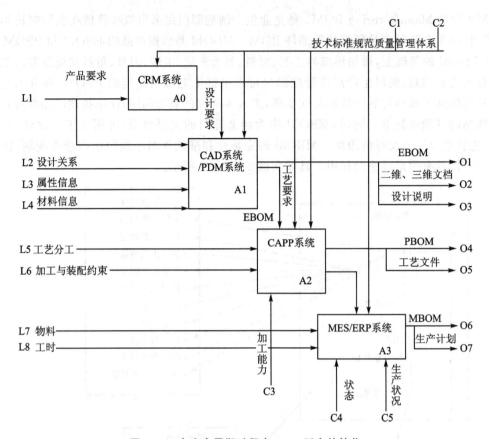

图 5-9 全生命周期过程中 BOM 形态的转化

工艺过程中的工序为单位扩充 PBOM,最后形成 MBOM。它可作为调配工艺资源、编制生产计划等管理工作的参考依据。

除以上所描述的与 BOM 相关的系统,生产部门、产品成本核算部门、计划部门、销售部门与 BOM 也有非常紧密的关系。生产部门依据 BOM 中的材料信息、加工和装配顺序来确定相关物料并作为领取依据;产品成本核算部门利用 BOM 中每个自制件、标准件、外协件和外购件等分类部分的单件成本,以及 BOM 中的成套零部件数量来确定产品的成本,并可据此来进行产品投标报价和成本分析;计划部门利用 BOM 中所含的物料信息、零组件加工与装配地点、材料定额和工时信息等,来确定物料净需求量,自制件、标准件、外协件和外购件等分类数量,物料投放顺序,以及生产周期、地点等计划信息;销售部门可通过相关 BOM 信息来进行产品报价,完成提供准确的零部件设计信息并跟踪制造流程等工作。

3. 装配大纲 AO

工艺部门根据工程设计的要求、工厂现有的工艺水平和质量保证的要求,编写的指导装配的工艺文件称为装配大纲 AO(Assembly Order)。相当于过去的装配工艺规程、配套卡片、生产任务卡和工艺合格证。

AO 由管理页、说明页、草图和零件配套单组成,包括装配名称编号、制造索引、工程更改申请单号、发放次号、架次控制、版次控制、客户控制、系列号、简要工作说明、操作内容要求、所需工装设备、产品图样、工艺标准、质量规范、检验要求、工时定额、零件名称和编号等 40 多项工艺信息、生产信息、质量信息和过程信息。AO 涉及的信息全面而复杂,影响整个航空企业各部门之间的协调和管理层的决策。它用于向装配性质的生产单位下达生产任务、指导工人生产和填写质量记录,描述了飞机产品生产的装配过程。装配大纲按架次生效,一架飞机一套,它是产品装配和验收的依据,由质量部门存档。

数字化制造中三维 AO 包括文字描述、三维附图、三维仿真动画和三维标注等。三维附图以轻量化模型形式插入 AO 文字描述的文档中,使用时可以进行旋转、缩放等一般性操作。三维仿真动画作为 AO 的一部分,以附件的形式保存,利用链接功能在 AO 阅读过程进行使用。

4. 制造大纲 FO

由工艺人员编写的用于零件加工、钣金成形等的工艺文件称为制造大纲 FO(Fabrication Outline)。相当于过去的零件制造工艺规程、合格证、生产任务卡及流程卡。

FO 由首页、草图和说明三部分组成,包括零件名称、件号、生产计划安排、零件材料牌号、规格、状态、加工顺序、草图、所需工装、设备、质控要求和换版记录等 40 多项要求。FO 按批次管理,每批零件有一份 FO。FO 由生产控制部门存档。

5. CAPP

计算机辅助工艺规划 CAPP(Computer Aided Process Planning)是指借助于计算机软硬件技术和支撑环境,利用计算机进行数值计算、逻辑判断和推理等功能来制定零件的加工工艺过程。它是将产品设计信息转换为各种加工制造、管理信息的关键环节,是企业信息化建设中联系设计和生产的纽带,同时也为企业管理部门提供相关的数据,是企业信息交换的中间环节。

CAPP 系统的构成,视其工作原理、产品对象及规模大小不同而有较大的差异。CAPP 系统基本的构成模块包括:

① 控制模块　主要任务是协调各模块的运行,使用人机交互的窗口,实现人机之间的信息交流,控制零件信息的获取方式。

② 零件信息输入模块　当零件信息不能从 CAD 系统直接获取时,用此模块实现零件信息的输入。

③ 工艺过程设计模块　进行加工工艺流程的决策,制定工艺过程卡,供加工及生产管理部门使用。

④ 工序决策模块　主要任务是生成工序卡,对工序间尺寸进行计算,生成工序图。

⑤ 工步决策模块　对工步内容进行设计,确定切削用量,提供形成 NC 加工控制指令所需的刀位文件。

⑥ NC 加工指令生成模块　依据工步决策模块所提供的刀位文件,调用 NC 指令代码系统,产生 NC 加工控制指令。

⑦ 输出模块　可输出工艺流程卡、工序卡、工步卡、工序图及其他文档,输出也可从现有工艺文件库中调出各类工艺文件,利用编辑工具对现有工艺文件进行修改得到所需的工艺文件。

⑧ 加工过程动态仿真　对所产生的加工过程进行模拟,检查工艺的正确性。

计算机辅助工艺过程设计系统按其工作原理可分为检索式、派生式和创成式等,具体功能如下:

① 检索式工艺过程设计是针对标准工艺,即将设计好的零件标准工艺进行编号,存储在

计算机中,当制定零件的工艺过程时,可根据输入的零件信息进行搜索,查找合适的标准工艺。

② 派生式工艺过程设计就是利用"相似的零件有相似的工艺过程"这一原理,通过检索相似典型零件的工艺过程,加以增删或编辑而派生一个新零件的工艺过程。

③ 创成式工艺过程设计系统与派生式系统不同,是根据输入的零件信息,依靠系统中的工程数据和决策方法自动生成零件的工艺过程。

CAPP 的作用是利用计算机来制定零件的加工工艺过程,把毛坯加工成所要求的零件。它是通过向计算机输入被加工零件的几何信息(形状、尺寸等)和工艺信息(材料、热处理、批量等),并由计算机自动输出零件的工艺路线和工序内容等工艺文件的过程。

三维装配 CAPP 关键技术包括:

① 装配信息三维实体建模 通过建立零部件和工装工具的三维实体数字化模型,提取装配特征信息和空间位置信息,建立产品的装配模型。装配信息建模是数字化装配的基础。

② 装配顺序规划 根据产品装配模型提供的结构信息,采用几何推理和人工指导拆卸相结合的方法进行装配序列规划,得到产品的最佳装配顺序。

③ 装配路径及工艺规划 在三维环境下进行交互式工艺规划及碰撞检查,确定装配路径,选取合适的工装工具和装配方法,拟定工艺路线,编排工序工步,确定每道工序的质量控制内容和检测方法,最终输出优化的装配工艺方案。

④ 装配仿真 数字化装配仿真是在产品的设计阶段,通过装配过程的仿真实现数字化产品的预装配、验证和改进产品的装配工艺,生动直观地展示产品的可装配性,从而提高产品的装配效率,减少装配时间和费用。

⑤ 装配工艺输出 输出装配仿真动画,方便用户在装配现场清晰直观地查看产品的装配过程及装配要求,以指导现场装配。根据需要,还可以输出各种装配工艺卡片用于指导现场生产。

6. PDM

PDM(Product Data Management)是一种利用数据模型对企业的产品形成过程进行管理的方法。它以软件为基础,将所有与产品相关的信息和过程集成到一起。

PDM 的重点是如何管理产品开发过程中所发生、涉及的工程数据信息,是针对产品工程数据的产生、流动、处理、共享和应用等提供工程数据图档的动态管理、产品结构管理及配置管理,以及工程数据图档的审批发放流程管理。PDM 功能信息流如图 5-10 所示。

PDM 的作用如下:

① 保证飞机数字化研制过程中具有单一数据源。数字化设计制造技术发展初期,飞机制造业虽然采用了数字化设计制造技术,但在飞机设计和制造过程中不是单一数据源。例如,飞机设计院采用三维设计二维发图,某一个零件发到制造厂的是二维图纸,而制造中该零件采用数控加工时又要重新进行三维建模,诸如此类造成设计制造之间多数据源的现象,容易引起有效性的混乱,造成超差甚至废品。因此,必须在飞机研发过程中建立单一数据源,建立产品的全局数据,保证数据的唯一性和一致性。

② 实现数字化飞机研制过程中的数据管理。一架飞机由 20 万~100 万个零件组成,数字化的飞机设计过程会产生大量的信息,因此对于电子数据管理的需求变得越来越迫切。为实现真正的数字化飞机设计制造,必须采用产品数据管理技术来管理飞机产品模型(包括模型之间的约束关系)、数字样机、工艺数据及工装数据等全生命周期中的所有产品数据,支持设计、

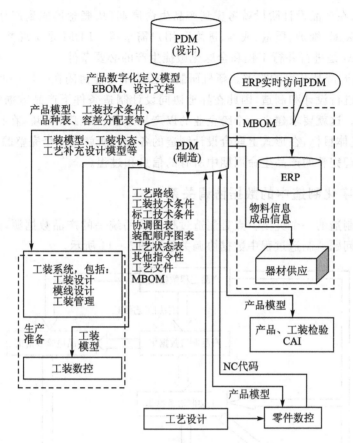

图 5-10 PDM 功能信息流

工艺及工装之间的并行协同工作和模型数据的重用。

③ 实现飞机数字化研制过程中的构型管理和配置管理。在传统的飞机研制模式中,通常很少采用构型和配置管理,致使在飞机交付用户之前要耗费大量的时间来进行装机零件清册的人工统计,即使如此也不能保证这个清册的正确性;另一方面,飞机在制造过程中不能保证没有漏装或多装零件。因此,应用产品数据管理技术管理飞机的构型是亟待解决的关键问题,在实现构型管理的过程中不仅要有效地管理数字化定义模型和各类技术文件,而且要建立完整的物料清单,不同部门可以根据需要在这个物料清单中提取自己需要的信息。

④ 实现数字化飞机研制过程中的流程管理。目前,产品数据管理技术的应用程度还不能支持对工程更改、工作流程等飞机研制过程的流程管理,多数单位还采用传统的更改和审批发放流程,把数字模型变成工程图纸,然后再去审批。这不仅削弱了数字化技术的优势,而且难免发生各种各样的差错。为了提高飞机数字化研发的效率,必须实现基于数字化定义的产品生命周期状态管理、工作流程管理和工程更改管理等研制过程的管理。

⑤ 实现并行飞机数字化研制。在飞机设计阶段,飞机性能、零组件结构形式、零件尺寸、材料、数量及装配工艺性等都将确定。目前,飞机研制一直沿袭串行的工作方法,不能在设计的早期考虑可制造性、可装配性及质量保证等因素,因此对于在制造过程中暴露出的问题,设计人员不得不对原有设计进行多次反复修改,在很大程度上影响了研制的周期和质量,增加了成本。并行工程就是对产品及其相关过程(包括设计、制造、维护)进行并行、一体化设计的一

种系统化的方法,在产品设计阶段就考虑到产品生命周期(从概念形成到产品报废)中的所有因素,包括制造、装配、维护、质量、成本、进度和用户需求等。PDM是实现并行工程的重要使用工具,实施PDM是进行并行工程和全球化敏捷生产的必要条件。

⑥ 跨企业协同产品开发的需求。新机研制的任务不可能封闭在一厂一所进行,更不可能封闭在一个厂内进行设计和制造,因此在异地协同设计制造条件下产品数据的管理是必须面对和解决的问题。这就要求建立一个跨企业的以产品为中心的工作环境,在技术上要体现"产品协同商务"的整体目标,在形式上联合设计制造的各个厂所就是一个完整的"广义企业"。在这个企业内要管理完整的产品生命周期中所有的信息和过程。

5.2.2 数字化制造中的数据协调关系

数字化设计制造的一个突出特点是制造过程中采用统一的产品数据源,这也是区别于模拟量制造的根本问题。制造过程中数据协调关系如图5-11所示。

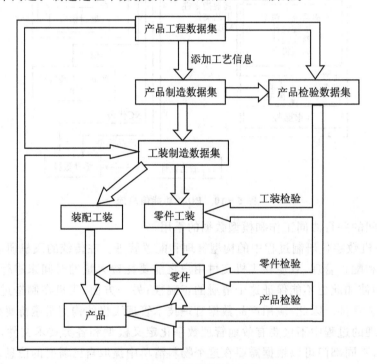

图 5-11 制造过程中的数据协调关系

5.3 数字化制造工艺

图5-12所示为传统的飞机研制过程,图5-13所示为数字量传递的飞机研制过程。由图5-12和图5-13可以清楚地认识传统模式和数字化模式的区别。在产品描述方式、制造过程中的信息传递方式及制造依据、制造设备等多个方面都发生了根本的变化。因此,需要对数字化制造进行深入研究,打通数字化制造的每个环节,形成一套全新的数字化制造工艺。

先进的数字化制造是基于MBD的数字化制造,其制造流程如图5-4所示。图中产品设计及建立的EBOM是产品技术冻结后产品制造的依据,根据统一的产品数据源,生产部门进

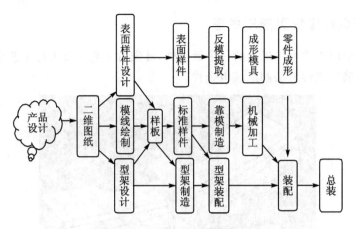

图 5-12 传统的飞机研制过程

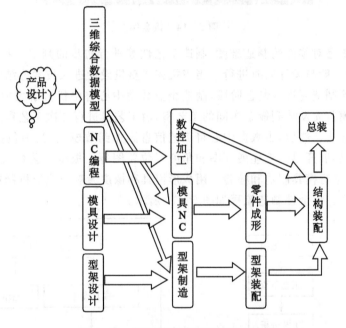

图 5-13 数字量传递的飞机研制过程

行工艺设计、工装设计、产品制造和检验检测工作。工艺设计包括工艺审查、建立 PBOM、制定装配协调方案、工艺分离面划分、全机工艺仿真和 MBOM。工艺审查与飞机设计并行完成；工艺设计部门以 EBOM 中的数据为依据，依据工艺路线分工计划、实际制造中的加工与装配过程及装配部门对装配件和加工件的交付状态的要求，通过调整 EBOM 中的零部件的装配关系，设置零部件的不同状态，形成工艺设计过程中的虚拟件和用于指导工艺工作的产品数据清单，建立 PBOM。工装设计包括工装快速设计、柔性工装设计和工装装配仿真等。产品制造包括工装制造、工艺数模建立、部件装配仿真、零件制造与装配、零件加工、零件成形等。检验检测包括检测计划、测量数据和检测。

数字化制造包括两大部分：一是零件制造；二是组件、段件、部件和整机装配。本节通过一个零件的制造过程和一个部件的装配过程说明数字化制造的具体流程。

5.3.1 钣金件橡皮囊液压成形

图 5-14 所示的零件为飞机上的一个钣金件,首先由工艺人员进行工艺审查和工艺分析,确定采用橡皮囊液压成形方法制造该钣金件。

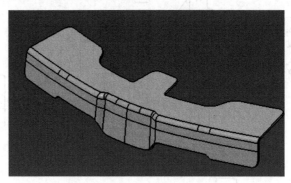

图 5-14 钣金件

零件工艺审查是对零件的制造难度、制造工艺性等进行初步的判定。在数字化设计制造中,零件工艺审查一般与设计同时进行。当飞机完成整机设计进入技术冻结阶段后,全部数模(工程数据集)交给制造商进入制造阶段,制造企业数据中心将整机分解发放到各个部门。对于钣金类零件数模首先发放到钣金车间的工艺室,由工艺员进行二次工艺审查和工艺分析,确定钣金件成形的方法。然后,由数据中心将工艺信息添加到数模上,其中包括工艺耳片、工艺余量等,并进行毛坯展开得到毛坯展开图和角度线位置图等。根据工艺数模进行模具快速设计,利用数控设备进行模具制造和检验。用成形模具和橡皮囊液压成形机制造钣金件,然后进行切边得到钣金件。钣金件制造流程如图 5-15 所示。

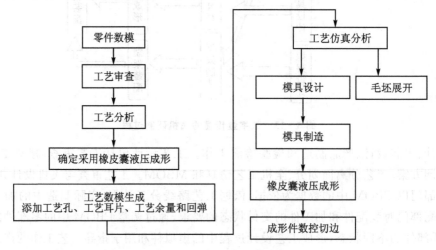

图 5-15 钣金件制造流程

1. 橡皮囊液压成形

橡皮囊液压成形是指以液压囊为弹性凹模(或凸模),以油为传压介质,使金属板材在凹模(或凸模)上成形钣金零件的方法(见图 5-16),适合各种复杂零件,具有模具简单、效率高、有利于减小回弹、适用成形性差的材料成形等特点。

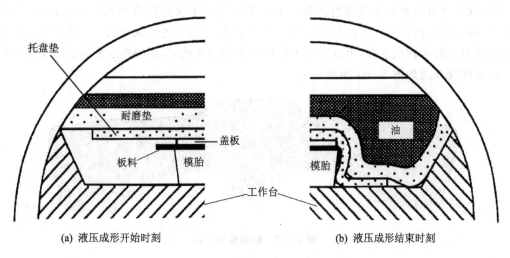

图 5-16 橡皮囊液压成形原理示意图

2. CAE 分析平台

CAE 分析方法在钣金成形仿真中可以预报回弹、破裂和起皱等工艺缺陷，优化模面和成形参数。但 CAE 方法的使用对操作人员要求高，同时需要有材料的属性参数和有限元模型建模过程中的一些参数。这些要求限制了普通工作人员对一般有限元软件的使用。因此，需要建立 CAE 分析平台解决这些问题，使工程应用变得更容易。

CAE 分析平台包括至少一种 CAE 分析软件（如 ansys、abaqus、adina、marc 等有限元软件）、成形材料属性库、工艺参数库、工艺知识库、工程化的前处理、工程化的后处理、有限元模型参数库等部分。

① 有限元软件　作为 CAE 分析平台的核心，提供有限元分析计算的解算器，保证计算的精度和准确性。

② 成形材料属性库　为有限元分析中模型的建立提供成形材料和模具材料等属性。

③ 工艺参数库　为工艺设计和有限元仿真提供工艺参数选择的依据，服务于有限元建模。

④ 工艺知识库　为确定工艺方案和建立有限元模型提供帮助。

⑤ 工程化的前处理模块　针对具体的工程类型，建立基于实例的工程化前处理模块，实现快速建模的目的。

⑥ 工程化的后处理模块　针对具体的工程类型，建立快速的后处理模块，服务于工程分析。

⑦ 有限元模型参数库　针对不同类型的工程问题，建立适合有限元模型参数库，提供合理的建模参数，保证有限元分析结果的有效性。

3. 毛坯展开

钣金件毛坯形状和尺寸的求解是钣金冲压成形中的一个难题，是分析钣金件变形程度、设计工艺及拟订工艺规程的前提。如果毛坯形状设计得合适，钣金成形过程中材料的流动性将更好，从而明显地减少起皱、拉裂等现象的发生，成形极限也可有所提高，并能降低凸耳高度，减少切边余量，节约钣金材料。

毛坯展开有经验法、逐次逼近法、拼合法、理想成形法、滑移线法、流线法、势场模拟法、几何映射法和物理逆向法等多种方法。这些方法均有一定的局限性，在实际的工程中经常利用

CATIA 软件自带的展开方法进行展开。由于毛坯展开不仅是简单的几何问题，而且与材料的变形过程有关，因此可以直接根据理论方法得到准确的毛坯形状和尺寸。在 CATIA 中展开时考虑合理的中性层系数，可以得到工程可接受的展开结果，而中性层系数的确定主要靠经验。钣金件展开图如图 5-17 所示。

图 5-17 钣金件展开图

4. 橡皮囊液压成形零件数模回弹修正

回弹是钣金成形过程伴随的现象之一。回弹的大小可以通过改变工艺参数而有所改变，但不可能完全去除回弹。回弹影响钣金件的成形精度，因此必须消除回弹的影响才能得到合格的零件。橡皮囊液压成形消除回弹影响的方法包括手工修正零件、手工修正模具（补偿法）和数控修正模具（补偿法）等方法。手工修正零件的方法因对零件有损伤而逐渐被淘汰。补偿法主要通过将回弹量反向叠加到模具型面上，成形后回弹量与补偿量相抵，使成形件达到要求。回弹量的获取方法包括试压法（该方法适合手工修模）、试验数据法、CAE 分析法。后两种方法通过零件数模和回弹修正得到一个包括回弹修正的工艺数模，适合数字化制造。

5. 工艺耳片形式及要求

工艺耳片的表达方式有三种：第一种是用钣金件表面或扩展面上的一个点和对应面的法矢表示（见图 5-18）；第二种是用耳片轮廓、工艺孔轮廓、孔中心一点和法矢表示（见图 5-19）；第三种是用耳片实体、孔中心一点和法矢表示（见图 5-20）。在数模中添加耳片时，钣金件轮廓应保持完整性，以便在切边时将完整的钣金件轮廓线作为依据。

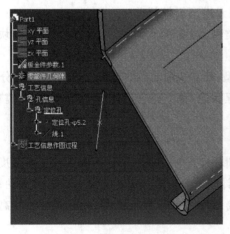 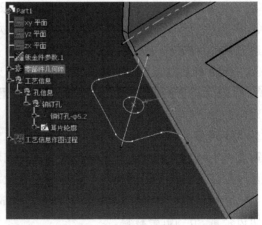

图 5-18 耳片表示方法一　　　　图 5-19 耳片表示方法二

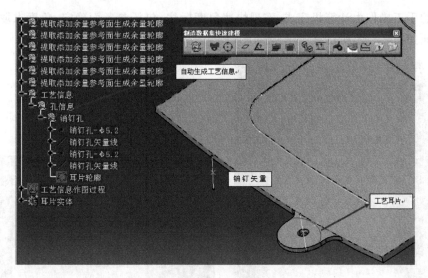

图 5-20 耳片表示方法三

6. 弯边角度线生成

生成角度线的规则如下：

① 标注的角度值如图 5-21 所示，对于双曲面的机身零件采用割线斜角 μ_2，对于直母线的机尾翼采用切线斜角 μ_1。μ_1 和 μ_2 是零件外形线与零件腹板面垂线所成的角度。当零件弯边弯向零件外侧时，该角度在二维视图上标注正值；当零件弯边弯向零件内侧时，该角度在二维视图上标注负值。

② 角度点位置应生成角度线，该线与零件外形交叉线垂直，如图 5-21 所示。

③ "0°"角表示斜角 μ_1 或 μ_2 的值为 0°。

④ 根据设置的角度间隔生成的角度线。

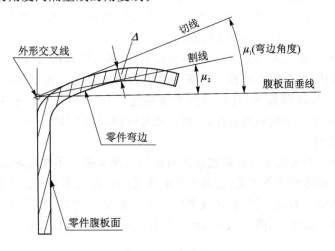

图 5-21 角度线

角度线生成过程比较烦琐，首先要得到钣金件外形线，然后在外形线上布置若干个点，在这些点处做切面，对切得的角度进行测量，并在这些角度中找出"0°"角和符合角度间隔的角度进行标注。该过程手工操作 CATIA 可以完成，但需要大量的时间。通过 CATIA 二次开发可以将烦琐的手工操作由计算机完成，实现快速角度标注，包括参考面确定、角度求取和投影三部分。界面如图5-22所示。

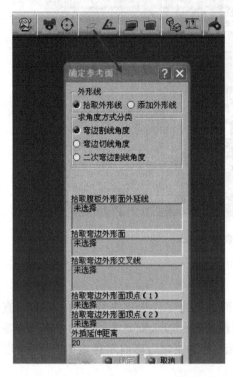

图5-22 角度线快速标注界面

7. 毛坯下料编程前处理

毛坯下料采用数控切割机或激光切割机，下料中使用数模进行编程。由CATIA展开得到的数模作为编程依据。这个数模可能存在以下问题：数模中存在各种重线、大圆弧线条、长度小于1 mm的碎线等，可能造成激光切割的烧蚀、数控刀具磨损、重复切割及加工效率低等问题。因此，需要对数模在编程前进行处理，去除重线，将大圆弧用直线代替，将相邻的碎线用大于1 mm的直线代替，并保证数模轮廓满足给定的精度要求。在AutoCAD环境下可以通过手工进行处理，如果问题较多，处理时间可能超过4 h，效率较低。采用二次开发方式在AutoCAD环境下编制专用的处理软件，使数模处理时间缩短到10 min以内。

8. 模具快速设计

模具快速设计是指根据零件数模或修正回弹的数模借助专用软件进行模具设计的方法。模具是橡皮囊液压成形的必备工装，模具设计的质量和设计效率是橡皮囊液压成形的关键问题。特别是对于新型号来说，模具设计效率问题更为重要。图5-23所示为橡皮囊液压成形模具快速设计交互界面之一，图5-24所示为设计完成的模具数模，图5-25所示为制造的模具和成形件。

9. 模具设计规范检测

收集、整理并完善液压成型模具设计中建模基本要求、工艺要求与其他环节的协调关系和工装数模建模规范，使得模具设计中的建模规范化，达到统一设计、制造、检验规范的目的，便于生产各环节的协调一致，避免设计中数模的差异造成其他环节的困难和差错，从而保证零件

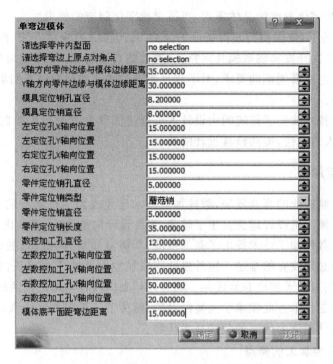

图 5-23 橡皮囊液压成形模具快速设计交互界面

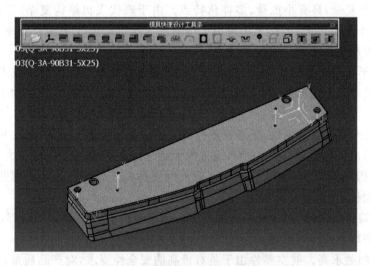

图 5-24 橡皮囊液压成形模具数模

(a) 模具

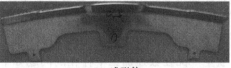
(b) 成形件

图 5-25 橡皮囊液压成形模具和成形件

的精度要求,符合数字化发展的总体需求,更适应数字化制造的要求。

在CATIA环境下,依据模型几何特征的分类、几何特征的表示方法、模型属性和CATIA数据结构等,通过二次开发实现数模几何特征、属性的自动检索,根据建模规范自动检查这些特征和属性是否满足建模规范的要求,对不满足要求的特征和属性进行归类整理,并输出形成建模规范检查结果。

模具自动校核技术改变了传统的由设计人员通过阅读方式进行校核的方式,不仅大大提高效率,而且减少人为差错,提高模具设计的质量。

5.3.2 数控加工

随着现代航空制造业的高速发展,数控加工技术已经成为飞机制造的关键技术之一。数控加工技术的进步使飞机设计理念发生了转变,零件设计向整体化、复杂化方向发展;同时,设计理念的转变也给数控加工技术提出了新的挑战,如何高质量、高效率、低成本地完成大型零件的数控加工成为必须攻克的难题。国外发达国家航空制造的历史很长,特别是飞机大型复杂结构件的设计、制造技术都已非常成熟。随着近年来国内各类军民机的研制,国内主要航空企业在航空数控加工技术方面积累了大量的经验,解决了一系列关键技术难题,初步形成了以飞机大型复杂结构件制造为代表的关键技术优势。

1. 航空产品数控加工的特点

航空产品数控加工具有以下特点:

① 产品类型复杂,具有小批量、多样化特点。由于现代飞机结构复杂,零件品种繁多;同时,飞机通常为小批量生产,因此无法采用大规模流水线生产方式来提高效率和降低成本,因此航空零件数控加工也必须适应这种特点。

② 结构趋于复杂化和整体化,工艺难度大,加工过程复杂。现代数控技术的进步促使航空零件的设计趋于复杂化和整体化,简化装配,提高结构性能,这也给数控加工技术提出了更高的要求。

③ 薄壁化、大型化特点突出,变形控制极为关键。为了控制飞机质量,飞机零件的一个显著特点就是进行薄壁化设计;另一方面,飞机的大型化也使得零件结构趋于大型化,出现了许多超大型零件,因此加工变形成为突出的矛盾。特别是对于高性能战斗机翼肋由过去传统的钣金件改为机加件,且为薄壁机加件。

④ 材料去除量大,切削加工效率问题突出。飞机零件材料去除量一般都在90%以上,切削效率对生产周期和成本影响较大。

⑤ 质量控制要求高。航空零件由于具有极高的安全性要求,对产品质量控制十分严格。

⑥ 产品材料多样。随着材料、冶金技术的发展,高强度钛合金、复合材料等的应用范围和用量正在逐步得到扩展,对航空数控加工技术的适应性提出了广泛的要求。

⑦ 大型结构件毛料价格高,质量风险大。

2. 航空产品数控加工存在的问题

航空产品在数控加工中存在的问题如下:

① 混线生产,专业化、集成化程度低。在目前的生产资源配置中,普遍存在专业化程度低,布局不合理,各种类型产品交叉生产现象严重,极大地制约了产品制造效率的提高。

② 数控加工准备时间和辅助时间占用过多,装夹效率低下。在数控加工中程序调整、工

装夹具准备、刀具准备及零件检测等占用的时间较多,加工效率偏低。据统计,机床有效切削时间比例仅为30%,极大地影响了产品加工效率的提高。

③ 切削加工效率低,高速切削应用比例较低。在数控加工仿真、程序优化、工艺参数库、制造资源管理等方面与高效加工需求存在一定的差距,切削参数不合理、机床利用率低等现状极大地制约了高效数控加工技术的发展。特别是飞机大型零件,材料去除量大,加工周期长,加工效率低成为制约生产研制的突出矛盾。

④ 信息化程度低,制约了生产研制的高效运作。数控机床是一个孤岛,各环节数据信息传递和交换存在瓶颈,总体上制约了企业的高效运作,影响生产效率。

⑤ 大型结构件变形控制仍然是亟待突破的难题。不同类型的航空零件结构、尺寸和材料各不相同,难以掌握准确的变形规律,是数控加工中最大的变数之一。

⑥ 研制成本高,研制风险大。大型航空结构件、新型材料构件等一般毛料价值较高,任何材料损失都会给企业带来巨大的财产损失。

⑦ 由于飞机中数控机加件数量大,数字化检验量大,数字化检验中检验数据的准备工作量大,影响进度。

在发达国家,航空零件的制造加工过程普遍实现了高度专业化、信息化和自动化,不需要人工干预,装夹定位过程简单快捷,加工效率高(图5-26所示为空客带自动托盘交换的卧式加工中心加工的大型梁类零件)。这些特性主要体现在以下方面:高度专业化的生产资源配置和布局;普遍应用高速无人干预加工技术;普遍应用大功率高效切削,主轴功率使用率在70%以上;普遍实现快速装夹、托盘交换等不间断加工过程,缩短空机时间;生产资源集成化信息管理程度高;配套设施完备,包括主轴测头、集中刀库、安全防护和铝屑处理系统等;采用自动测刀、芯片读写的方式进行刀具参数、刀具寿命管理。

图5-26 空客带自动托盘交换的卧式加工中心

3. 航空产品数控加工的发展趋势

(1) 以产品特征成组划分为基础,形成专业化的精益生产线

目前,在航空零件的大规模研制中往往面临较大的被动局面,无法形成具有极大竞争力的核心技术优势,其根本原因在于原有相对落后的生产资源配置和布局已经无法满足当前研制的需要。

首先,要确立零件族的概念,应用成组技术建立典型零件族。其次,在确立典型零件族的基础上,分类建立标准化的典型零件族工艺流程。最后,在标准化的典型零件族工艺流程的基础上形成专业化、集成化的生产资源配置和布局,并最终形成各类典型航空零件的精益生产线。特别是对于大型结构件,建立专业化的典型零件生产单元对于提高其加工技术水平、降低成本尤为重要。

(2) 以装夹快捷化为目标,形成高效可靠的装夹技术

对高速加工的数控设备来说,正确设计夹具,缩短夹具生产准备周期,实现零件在数控机床上的快速装夹定位非常重要,能大大提高有效切削时间的比例,保证加工质量,从而达到提高数控加工效率的最终目的。在传统夹具体上,采用机械定位、人工夹紧和拆卸通常要花费大量的时间和人力;而高速加工大型工件时,采用半自动化或全自动化装夹技术非常有经济价值,液压定位和夹紧非常有效。

液压夹具的主要优势是节省夹紧和松卸工件所花费的大量时间,有关统计资料表明液压夹紧相比机械夹紧节省约90%的时间,缩小了生产循环周期,降低了成本。另一个明显的优势在于夹紧力在定位和夹紧过程中保持恒定不变,从而确保了同一道工序下加工质量的一致性。

柔性夹具系统也是一种新型的替代传统夹具的装夹系统。目前,先进的柔性夹具系统都具有自适应能力,针对产品变化实现自动化调整,从而适应产品变化较大时的情况。

(3) 从常规切削向高速切削过渡,逐步实现无人干预高速加工

现代飞机的高性能要求其结构具有轻量化、薄壁化和整体化的特点,零件须实现较高的精度和表面质量,传统的低速加工方法已经难以满足现代航空制造的需要。大量的型号研制应用证明,高速切削加工技术具有极大的优越性,不仅加工效率大大提高,而且零件的加工质量也得到提高。

目前,国内在高速加工应用方面与国外存在着较大的差距,主要表现在 20 000~40 000 r/min 的大型高速铣削设备数量少,配套设备缺乏,技术经验匮乏,严重制约了国内整体数控技术水平,未来无论在硬件环境的建设,还是应用技术的研究方面都需要投入大量精力。

(4) 实现刀具资源的信息化管理及优化配置

随着产品任务量的加大、设备的增加,用于机械加工的刀具需求量也越来越大,品种也越来越多。但长期以来,刀具管理模式主要采用人工管理模式,刀具管理制度不健全,刀具库房不规范,在刀具的集中配置方面不完善,严重影响了刀具管理水平,增加了数控加工的准备时间,制约了数控加工的效率和加工能力的进一步提高。随着数控加工和刀具技术的高速发展,面对高效生产的挑战和不断降低制造成本的压力,刀具的管理成为各制造企业日益关注的热点。建立自动化、信息化的刀具管理存储环境是解决目前刀具应用管理落后、低效现状的有效途径。可以通过植入芯片进行刀具的全生命周期管理,从而合理地应用刀具资源。

(5) 深化仿真技术应用研究,推动数字化制造体系的建立

随着计算机技术的发展,数控加工仿真技术也得到了迅速的发展,尤其是在航空、航天、国防及其他大规模复杂系统的研制开发过程中,数控加工仿真在减少损失、节约经费、缩短开发周期及提高产品质量等方面发挥了巨大作用。基于 VERICUT 软件构建的数控加工仿真环境实现了数控编程的虚拟制造,比刀位文件仿真更真实、直观,极大地提高了数控编程的效率和质量。仿真加工技术目前已成为数控加工研制过程中必不可少的环节。尤其对于飞机大型复杂结构件来说,其材料昂贵、结构复杂,大量采用高速切削,相关设备也极为昂贵。为了确保

加工过程中刀具轨迹和切削参数的正确性、合理性,杜绝过大余量切削、碰撞干涉、超程等意外故障是至关重要的。因此,建立准确、完整的仿真加工环境是必要的。

(6) 突破典型大件变形控制关键技术

对于飞机结构件的数控加工来说,由于产品类型多样,结构复杂,加工条件各异,因此,零件的数控加工变形是数控加工中最难确定的因素,加工变形控制仍然是困扰数控加工的主要难题之一。

① 数控加工变形控制的一般方法。

a. 应力释放原理。充分释放内应力是减小加工变形的有效手段。通过有限元模拟证明,当零件材料沿某一个方向出现不连续状态时,则沿此方向的内应力将无法传递,在此断裂界面上沿此方向的内应力为零。

b. 应力平衡原理。内应力不可能消除,只能尽量减小,或者使内应力尽可能处于平衡状态。平衡的内应力使零件处于"动态"的稳定状态,达到控制变形的目的;但内应力在外界因素的影响下可能出现应力释放,造成变形。

c. 余量补偿原理。在加工过程中,如果已经出现了明显的变形,则可以通过余量补偿的形式减小变形。基于这个原理控制变形的措施有:基准面、基准孔的重新修正,预留适当的精加工余量等。

d. 减少应力的产生。除了材料固有的内应力外,加工过程也会产生应力,造成加工变形,因此,尽可能减少加工中产生的应力,也是控制变形的主要措施之一。例如,高速加工能大大减少加工表面应力的产生;提高冷却效果也能大大减少加工表面应力的产生。

② 基于有限元仿真的数控加工变形模拟技术。

对于零件数控加工变形控制的研究,目前国内外仍然缺乏有效的研究手段,在实际生产中主要凭借技术经验的积累及反复试验来设计数控加工工艺过程,因而存在很大的不确定性因素和研制风险。

有限元模拟切削分析技术,是研究数控加工变形的有效技术之一。有限元仿真加工变形模拟技术是在加工之前利用数值仿真技术模拟加工过程,对加工过程进行分析,确定各种参数对零件变形的影响,预测复杂零件在加工过程中的变形、破裂情况,给设计和工艺技术人员提供进行设计和工艺分析的依据。

(7) 推动切削参数优化技术的应用,实现切削参数的标准化应用

合理的切削参数是数控加工实现高速高效加工的前提,也是实现高速无人干预加工过程的必要条件。目前,基本的切削优化技术主要有:基于动力学仿真的切削优化技术、基于优铣技术的切削参数优化和基于几何仿真切削的优化技术,它们分别有各自的应用优势和特点。

① 基于动力学仿真的切削优化技术。

基于动力学仿真的切削优化是以切削加工系统物理特征为基础的仿真切削优化技术。基本原理是通过对机床加工系统进行动力特性测试和分析,得到其固有频率、阻尼比、模态刚度等参数;然后采用切削加工动力学仿真系统进行颤振稳定域仿真,得到颤振稳定域仿真曲线;最后根据颤振稳定域仿真曲线,结合被加工工件特征选择合理的切削参数,如图 5-27 所示。

② 基于优铣技术(OPTIMILL)的切削参数优化。

优铣技术是一种采用自适应控制技术的应用系统。通过实时监测每个机床主轴上的负载/功率,以最优进给速率的计算及用计算所得的最优进给速率对切削过程进行实时控制。优

铣技术需要对每个零件多次进行切削优化，得到的优化结果只对该零件有效。

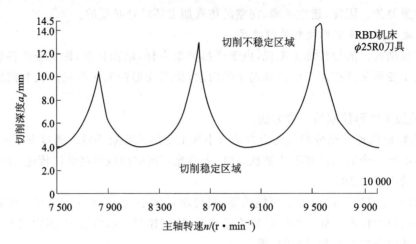

图 5-27　加工大型机翼壁板时颤振稳定域

③ 基于几何仿真切削的优化技术。

基于几何仿真的切削优化是针对切削过程中切削条件和待切削材料量的实时变化自动调整进给率的优化措施，它能够在一定程度上提高加工效率，改善切削过程。其基本原理是，以刀具实时材料去除率和刀具前进方向为优化基础，切削大量材料时，刀具进给率降低；切削少量材料时，进给率相应地提高，保持机床负载的相对均衡和切削稳定。

这 3 种优化技术在实际应用中都具有各自的特点和优势，但也各有一定的局限性，将其结合起来则能够达到较好的效果。同时，在此基础上通过建立典型切削参数库，实现同类零件切削的参数标准化。

④ 辅助工艺块快速设计技术。

由于飞机机加件多为薄壁件，在加工过程中零件的固定夹紧位置不能设置在零件上，需要添加工艺块作为辅助（见图 5-28），并在最后去除工艺块。在 CATIA 环境下手工操作设计工艺块非常费时。因此，通过 CATIA 二次开发可以提供快速工艺块设计软件，实现批量添加。

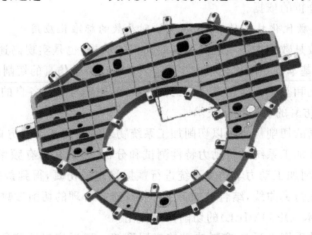

图 5-28　添加工艺块的机加件工艺数模

5.3.3 飞机部件的装配

飞机部件的装配是飞机制造的主要工作之一,关系到整机的制造水平和总体质量。由于采用基于 MBD 的数字化设计技术,制造依据为工程数据集,部件的装配大纲(AO,参见前面 AO 的概念)以电子版形式出现,其中包括文档、轻量化模型和动画等表现形式,这些内容可以综合形成一个可视化的装配平台。装配大纲是飞机部件装配的指导性文件。

为了保证部件在装配过程中不出现干涉、不协调等问题,可以通过预装配技术仿真部件装配过程,检查装配中可能出现的装配和工装的问题,避免出现问题后重新修改工装等现象,减少错误率,降低成本,缩短生产周期。

装配工装是飞机部件装配的必备工装,是保证装配精度和质量的必要手段,在数字化设计制造中,工装的设计与制造也发生了变化。

装配技术发生了本质变化,广泛采用激光跟踪仪、激光扫描、关节臂测量机和室内 GPS 测量系统等测量手段,实现工装和零件的精确定位。采用大型数控钻铆设备和脉动生产线技术等。

飞机部件装配具有以下新特点:

① 逐渐采用无纸化制造技术,包括装配大纲在内的所有文档均以电子文档形式保存和使用,文档的审核和会签采用电子流程管理和电子签名方式。

② 飞机部件装配采用虚拟装配技术,在实际装配前提前进行虚拟装配,有效检查可能出现的问题。

③ 采用柔性工装和柔性装配技术,减少装配工装,缩短生产准备周期。

④ 采用数控钻铆技术和数字化测量技术,提高了装配效率和质量。

5.4 数字化工装

工装是零件制造和装配的基础,在数字化制造环境下,工装设计制造出现了许多新特点,主要包括以下几项:

① 设计数字化　根据零件数模,采用计算机和相应的 CAD 软件(航空主机厂采用 CATIA,航空发动机企业和汽车业采用 UG)完成工装的三维设计,三维模型符合 MBD 要求,适合三维无图化制造。

② 工装设计标准化　工装设计建立完整的标准和规范,尽可能采用标准件,以缩短设计和制造周期,并降低成本。三维设计中使用已建立好的标准件库,直接调用三维标准件进行装配。工装设计的标准化可以规范工装设计行为,减少人为因素造成的工装设计的发散性。

③ 工装设计 CAE 分析　工装设计不再完全依赖任务经验,使用 CAE 分析平台可以提供更多有用的信息,帮助完善工装设计。比如钣金成形通过 CAE 分析得到应力分布、应变分布、回弹和起皱预测等信息,为钣金成形模具的设计提供依据,改变传统的完全依赖经验的盲目设计方法。

④ 工装设计智能化　工装设计中使用已建立的工装相关知识库、实例库和标准库等,通过信息检索、逻辑推理提供工装设计的基本结构、计算等帮助,使工装设计智能化。

⑤ 工装设计快速化　工装数字化设计采用 CAD 软件进行,而没有专用的针对性的设计

工具。通过对CAD软件的二次开发，将设计人员手工进行的计算、操作等烦琐的工装交给计算机独立完成，也就是形成一套快速的工装设计系统，实现工装设计快速化。

⑥ 工装柔性化　传统的设计方法一般一套工装只能完成一项工作。航空企业具有批量小、零件数量多的特点，因此过去航空企业的工装数量特别多，制造、存放、查找等都存在困难，减少工装数量不仅可以节约成本，而且可以缩短工装设计制造周期，便于工装管理。在数字化制造环境下大量采用柔性工装，通过数字化控制使一套工装可以适合多种产品的制造。因此工装趋向柔性化。

⑦ 工装设计规范检测自动化　设计的工装需要满足企业、行业或国家的标准和规范。传统的工装标准化审查需要审核人员对图纸或数模逐一进行审查，不仅耗时长，而且容易出现漏检现象。在数字化设计环境下，通过软件自动进行标准化审查可以提高效率，降低出差率。因此，在工装数字化设计中逐步推广工装设计规范自动化检测。

5.4.1　数字化成形工装

在数字化设计制造中，钣金成形的制造依据不再是传统意义上的模线样板，而是考虑回弹和添加工艺信息后的工艺数模。工艺数模依据工程数据集中的零件数模生成，在零件数模的基础上添加工艺耳片、工艺余量、弯边角度线和回弹修正等形成工艺数模。回弹修正可以采用经验法直接修正数模或用CAE方法修正数模。工艺数模作为数字化工装的设计制造依据，不仅满足设计要求，而且满足模具数控加工的编程要求，制造的模具原则上不需要进行修模工作。

数字化成形工装的设计流程如图5-29所示。设计完成的工装数模符合MBD规范和模具设计规范。在设计过程中利用已建立的成形工装的知识库、实例库和标准库等资源，使用综

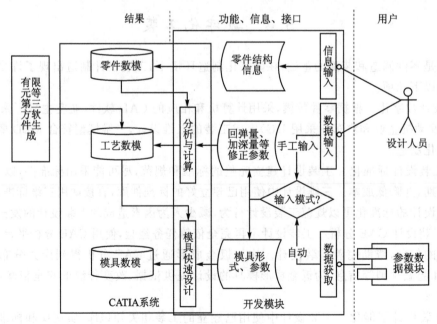

图5-29　数字化工装设计流程

合设计平台保证相关知识和信息的有效利用,实现数字化成形工装模块化、智能化、标准化、柔性化。

模具设计中在重要零件上设置数控加工基准,以便在模具磨损后数控修模时使用,或模具修改时保证不同的装夹中各个几何特征具有正确的相对位置。数控基准用三个面和面上的三个孔表示,一般三个面尽量共面,如图 5-30 所示。

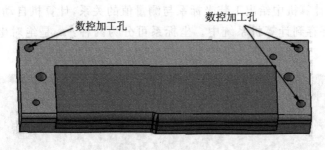

图 5-30 数控基准

数控基准也可以采用两个面和面上的两个孔来表示。当数控加工零件从工作台卸下后,如果需要再次加工,则要根据零件上的数控基准进行零件的定位和坐标系拟合,使零件坐标系与原来的加工坐标系拟合到一起,从而保证新的数控加工与原来的加工具有正确的相对位置。

5.4.2 数字化装配工装

数字化装配工装是根据数字化产品数模设计的一种三维装配工装,工装中定位件和夹紧件等准确位置需要激光跟踪仪等数字化测量设备确定(也就是依据数字化标准样件进行安装),工装制造过程完全依据来自工装数模的数字量,而摒弃了传统的标准样件。数字化装配工装一般采用工具球作为辅助工具,与激光跟踪仪配合使用。图 5-31 为激光跟踪仪使用示意图。

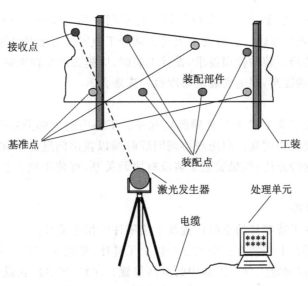

图 5-31 激光跟踪仪使用示意图

1. 工具球在工装中的作用

(1) 基准工具球用于建立工装的坐标系

对于数字化装配工装,应首先在工装上建立坐标系。在工装上建立坐标系的原则是在工装的最大基准平面上安装不得少于三个工具球,这些工具球称为工装上的基准工具球(如图 5-32 所示,T/B1、T/B2、T/B3 为三个基准工具球)。用激光安装仪测量这些基准工具球,并在激光跟踪仪的计算机中给出工装坐标系与测量值的关系,计算机自动计算并建立工装坐标系,将此坐标系保存到计算机系统中。坐标系可分为两种:一是绝对坐标系,二是相对坐标系。

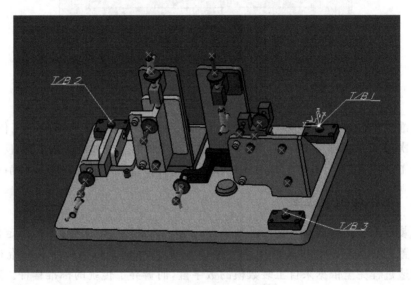

图 5-32 基准工具球

1) 绝对坐标系

绝对坐标系是在工装上建立一个与飞机坐标系相同的坐标系。其优点是出现协调问题时,易于查找问题出现的原因。但有时会出现大部分工装零件与绝对坐标产生较大的夹角,使安装公差降低。为达到工装的使用要求,设计工装时,应提高产生较大夹角的工装零件的安装精度;由于安装精度的提高,制造安装的难度也相应增大。

2) 相对坐标系

相对坐标系是在工装上建立工装局部坐标系。工装中的大部分零件坐标与工装坐标一致,减少误差环节,装配精度高。但出现协调问题时难以找出问题的所在及解决方法,因此一般装配工装不使用这种方法;如果装配工装没有协调关系,可使用此方法,零件工装也可使用此方法。

(2) 工具球的作用

工具球用来确立工装零件的空间位置及工装零件的相互关系。

一般每个工装零件上都要有三个或三个以上工具球(见图 5-33)。用这三个工具球控制工件的六个自由度,以确定工件在工装中的空间位置。注意,工具球在设计和使用时要确保与零件之间的位置准确,与工具球配合的部分是保证工具球与零件之间的位置准确的关键,包括装配孔与工具球轴线的一致性、与工具球配合的平面的位置精度和平面度等。

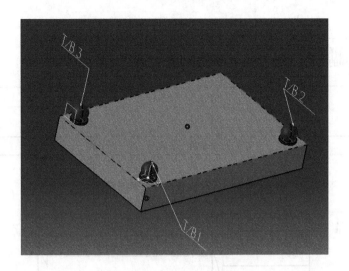

图 5-33　零件上的工具球

(3) 工具球的使用提高了工装的制造精度

装配产品精度取决于工装的制造精度,工装精度的高低取决于工装零件的制造精度、装配工装的装配精度和尺寸传递环节的多少,工装零件的制造精度不受装配方法的影响,对工装的精度影响具有确定性,因此,工装的精度主要由尺寸传递环节的多少和装配精度决定。

1) 模拟量传递制造工装的误差环节

a. 工程图纸→绘制模线→制造样板→制造标准样件→制造零件样件→制造工装;

b. 工程图纸→绘制模线→制造样板→制造标准样件→制造工装;

c. 工程图纸→绘制模线→制造样板→制造工装。

2) 数字量传递制造工装的误差环节

a. 工程数模→工装数模→制造工装;

次传递是工程数模的移形,误差很小,可忽略不计,因此可将上面模式改为下面的形式。

b. 工程数模→制造工装。

因此,可以看出数字量传递制造技术用工具球安装工装,使尺寸传递环节大大减少,工装制造精度有了很大提高。

(4) 工具球的使用可使工装的生产、试制周期缩短

由图 5-34 和图 5-35 可以看出,由于数字化装配工装减少了样件、样板图样的设计时间及样板、样件制造和样件对合等时间,数字量传递的工装研制、生产周期比模拟量传递的工装研制、生产周期要短很多。不仅如此,由于生产周期与工作面的大小成反比,与工作量成正比,数字量传递工装制造的工作面远远大于模拟量传递的工装制造的工作面,因此采用数字量传递制造周期比模拟量传递的工装制造周期还要短。例如,机翼可分为前部、后部、襟翼、副翼和油箱等部件,需要很多种工装夹具来完成这些部件的装配工作,用模拟量传递方法进行工装制造,只能按样件一个夹具、一个夹具地制造,工作面很窄,工装制造周期很长。如果使用数字量传递进行工装制造,可几套工装同时进行。

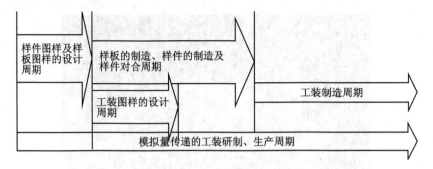

图 5-34 模拟量传递流程

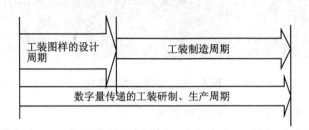

图 5-35 数字量传递流程

2. 工具球的使用原则

(1) 最大投影面原则

最大投影面原则：零件上的工具球取值原则，取其与在工装坐标系中各个投影面上的投影中最大投影面相垂直的轴线方向的值，如图 5-36 所示。

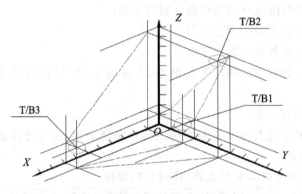

图 5-36 最大投影面原则

工具球 T/B1、T/B2 与 T/B3 在 X、Z 面上的投影面积最大，因此，3 个工具球都要取其 Y 值，控制 Y 值可以使精度最大化。例如在图 5-37 中，当以 O 为圆心，以 O 到 T/B2 的距离为半径作圆时，要保证工具球与 O 点的距离不变，当 Z 值有一个很小的变化时，Y 值的变化很大，只有控制了 Y 值，才可以使工具球与工装零件的位置误差最小，因此 T/B2 取 Y 值。

(2) 3-2-1 原则

由于装配工装零件存在加工误差，而且按照定位原则只要控制装配工装定位面的 6 个自由度，就可以确定装配工装零件的空间位置，因此，在一般情况下，只须确定 3 个工具球的 6 个

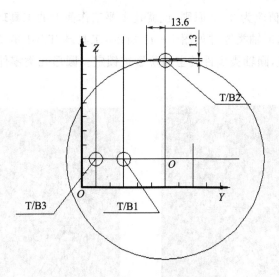

图 5-37　T/B2 取 Y 值说明示意图

坐标值，就可确定工装零件的正确位置。根据最大投影面原则，零件在与最大投影面相垂直的轴线方向取值有 3 个工具球，在与第二大投影面相垂直的轴线方向取值有 2 个工具球，在与最小投影面相垂直的轴线方向取值只有 1 个工具球。这就是 3-2-1 原则。

(3) 最大包容原则

最大包容原则是工具球的位置应将零件最大限度地包容在内（见图 5-38），以提高制造的精度。

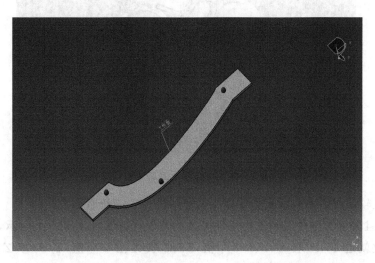

图 5-38　根据最大包容原则确定的工具球位置

(4) 直角坐标原则

在满足最大包容原则的基础上，应尽量满足直角坐标原则（见图 5-33）。

(5) 特殊工装零件工具球的设计方法及原则

1) 圆形轴、孔类零件使用工具球的原则

在圆形轴、孔类零件上，工具球应设计在轴类零件的中心线上，并设计在轴类零件的两端上(见图5-39)。其取值应为3-2原则,也就是主要工作面上的工具球取3个值,另一个面上的工具球取2个值。圆形轴类零件如图1-41所示,工具球 T/B1 取 X、Y、Z 3个值,工具球 T/B2 只取 X、Y 2个值,圆轴类零件的空间位置被锁定。圆形孔类零件如图5-40和图5-41所示。

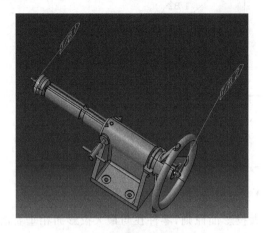
图5-39 轴类零件工具球设计

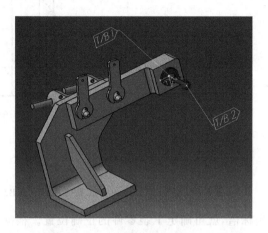
图5-40 孔类零件工具球设计一

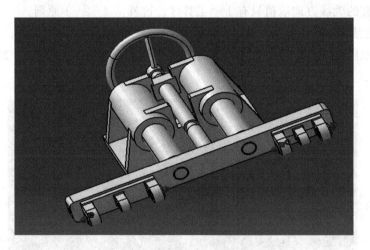
图5-41 孔类零件工具球设计二

2) 较大且较薄类零件或细长类零件工具球的设计方法及原则

对于较大且较薄类零件或细长类零件工具球的设计方法如图5-42所示,其取值原则为3-2-1-1,也就是 T/B1 取 X、Y、Z 3个值,T/B2 取 X、Z 2个值,T/B3 取 Z,T/B4 取 Z。

(6) 工具球的公差

通常情况下,产品装配最终公差包括:工具球安装公差①+零件制造公差②+仪器系统误差(可忽略不计)。一般按工具球安装公差取为工程公差的1/3;当工程公差很小时,工具球安装公差为工程公差的1/2,为保证产品装配最终公差,可根据实际情况调整①和②的值,从而保证工装顺利制造。但工具球安装公差与型面制造公差之和不得大于工程公差的2/3。

图 5-42 较大且较薄类零件工具球设计

5.4.3 柔性工装

柔性工装是通过手动调整或自动调节可以完成多项任务的工装。按用途可以大致分为多点成形工装、切边工装和装配工装等。

图 5-43 所示为一套用于蒙皮拉形的多点成形工装。该工装与 CAE 分析联合使用，在对一个新的蒙皮件进行拉形前，需要通过 CAE 分析和配套的回弹补偿等软件，确定各个针的位置，然后通过计算机发出信号自动调节模具的针，形成满足要求的包络曲面。同时，通过拉形优化软件确定拉形夹头的运动轨迹；控制拉形机按设计的拉形轨迹进行拉形；对成形的零件进行测量，分析成形误差；如果不能满足要求，需要根据误差进行补偿，调节针的位置，直到得到合格的拉形蒙皮，并将所有参数保存在计算机内，作为该蒙皮的拉形参数。

图 5-43 蒙皮拉形的多点成形工装

拉形完成后需要加工工艺孔（蒙皮的基准孔），蒙皮测量和切边时将蒙皮基准孔作为基准，可以将蒙皮拟合在所建立的坐标系内。

蒙皮切边一般采用数控铣削、激光切割或高压水切割等方法，切边力较小。切边工装的关键点包括蒙皮的定位、工装的型面、蒙皮的固定和切边轮廓的表达方式。在满足这些要求的情况下柔性切边工装具有较好的通用性。主要结构形式包括一维可调、二维可调、三维可调三种形式。图 5-44 所示为三维可调结构。一维可调是指只在高度方向可调；二维可调指除了高度方向可调外，还可以在其他两个方向中的一个方向调整位置；三维可调是指在三个方向均可以调整位置。在使用柔性工装进行蒙皮切割前，先将机床的坐标系、工装的坐标系、数模的坐标系拟合在一起，也就是用同一个坐标系描述机床的空间、描述工装、描述蒙皮。根据蒙皮的数模选择支撑点，并确定支撑柱的位置，同时确定并调整工艺孔定位销的位置。这些工作均在计算机内完成，通过输出控制信号控制调整支撑柱和定位销。蒙皮通过两个定位孔确定在工装中的正确位置。蒙皮的固定依靠真空吸盘。

图 5-44　柔性切边工装

装配工装包括组件装配工装、段件装配工装、部件装配工装和部件对接工装等。传统装配工装采用模拟量传递方式保证零件之间的相对位置，也就是通过标准样件（标准工装）保证装配零件之间的相对位置关系。而数字化制造中装配件之间的相对位置通过数字量传递方式保证，也就是在同一个坐标系内每个装配件通过定位基准确定其准确的位置。装配工装中定位件的准确位置通过激光跟踪仪和工具球保证，工装制造依据是工装数模和装配件数模。而在数字化制造中柔性装配工装更具通用性，一套装配工装经过适当的调整可以满足几种或更多相似装配件的装配。该方式特别适合飞机制造等批量小、种类多的产品。图 5-45 所示为壁板柔性工装，工装中定位件的位置通过数控调整满足要求，同时自动钻铆机容易实现壁板的自动化装配。

图 5-45 壁板装配柔性工装

5.4.4 数字化检验

数字化制造中产品检验一般采用数字化测量设备,包括激光测量、照相测量和机械式测量等测量方法。

数字化制造中用数字化设备加工得到的零件优先使用数字化的测量设备,如图 5-46 所示。加工后的零件在测量设备中定位,并通过零件上的基准将零件的坐标系与测量坐标系拟合在一起,然后通过数字化测量设备可以得到一些离散点的坐标。这些测量点的理论坐标是检验零件的原始数据。对于不同的零件和不同的几何特征,如两个面的平行度、轴线的跳动量、平面度和间距等,要求的表述有差别。这些零件上的描述不能直接与测量数据对比,需要通过测量数据计算相应两个面的平行度、轴线的跳动量、平面度和间距等值,然后进行对比检验。

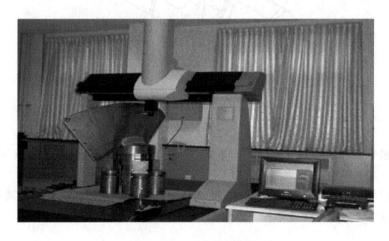

图 5-46 三坐标测量机

数字化测量仪检验零件时首先需要由检验人员给出测量数据。具体过程包括建立局部坐标系、在三维数模上添加测量点、读取局部坐标系下测量点的坐标值和法矢并输入到文档形成数据文件、手工画二维测量点分布示意图及标注测量点序号。

数字化测量仪检验零件时,测量数据的准备是个烦琐的工作,特别是面对当前型号多、任务重的情况,测量数据的准备成为数字化检验的瓶颈,直接影响生产的进度。在数据准备中存在两个突出问题:一个是效率低的问题,另一个是手工操作烦琐容易出现错误。在测量数据准备工作中读取局部坐标系下测量点的坐标值,并输入到文档,形成测量数据文件(见图5-47)、手工画二维测量点分布示意图(见图5-48)、标注测量点序号三项工作,所需要的时间占总时间的70%以上,一般需要4~5 h。

CoordinateAndVectorValue.txt - 记事本

文件(F) 编辑(E) 格式(O) 查看(V) 帮助(H)

1	71.778478	-9.045802	20.000000	0.000000	0.000000	1.000000
2	168.499057	86.933241	13.000000	0.000000	0.000000	1.000000
3	256.960318	107.033842	13.000000	0.000000	0.000000	1.000000
4	338.121545	164.940473	13.000000	0.000000	0.000000	1.000000
5	468.761239	178.939885	13.000000	0.000000	0.000000	1.000000
6	508.766575	278.578611	20.000000	0.000000	0.000000	1.000000
7	469.618335	399.574588	-12.156104	0.390854	-0.676979	0.623644
8	374.764895	345.323077	-12.152444	0.378210	-0.655079	0.654086
9	280.163175	290.536051	-12.074385	0.371676	-0.643762	0.668900
10	175.505833	230.240069	-11.998918	0.373050	-0.646141	0.665834
11	51.510149	158.078259	-12.125896	0.390422	-0.676232	0.624725
12	511.881662	312.072862	20.000000	0.000000	0.000000	1.000000
13	307.693835	176.318068	13.000000	0.000000	0.000000	1.000000
14	370.273406	353.416039	-9.047685	-0.104448	0.180909	0.977938
15	379.490655	356.613052	-8.837558	-0.008488	0.014702	0.999856
16	463.586819	403.907634	-8.472166	0.049670	-0.086031	0.995054

图5-47 测量数据文件

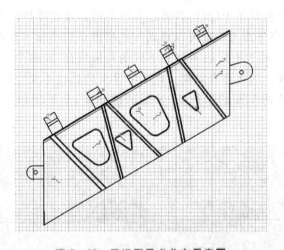

图5-48 二维测量点分布示意图

另外,测量数据布点也是非常烦琐的事情,手工布点容易出现漏布和布点不规范的问题,而且效率低。

测量点辅助布点、测量数据自动生成、测量简图自动生成和数据准备均可通过辅助软件自动实现(见图5-49),并可将效率提高5倍以上。

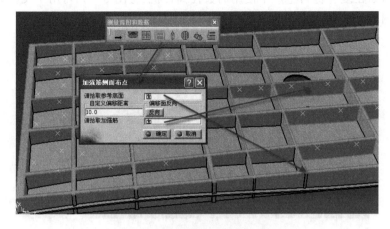

图 5-49 辅助布点软件及结果

5.5 数字化设备

航空数字化制造体系中,除产品和工艺定义采用三维数字化综合模型外,数字化设备在数字化制造中起到关键作用。数字化设备是数字化制造的基石,是最终的执行者。数字化设备包括三类:数字化制造设备、数字化工装和数字化测量设备。

数字化制造设备包括:数控弯管机、数控拉弯机、数控铣床、数控车床、数控喷丸机、数控拉形机、数控激光切割机、数控高压水切割机、数控铺带机、线切割机、数控钻铆机和数控制孔设备等。

在飞机制造体系中,应用较多的数字化制造设备是数控铣床(见图 5-50)和数控车床(见图 5-51)。目前,数控制造设备利用率达 80% 以上,且加工效率高,加工周期短。数控机床从二轴、三轴向多轴发展;从单一的加工方式向复合加工方向发展;从低效率高精度向高效率高精度发展。此外,针对飞机零件加工及其工艺装备加工的专用数字化制造设备促进了航空产

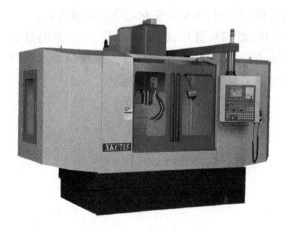

图 5-50 数控铣床

图 5-51 数控车床

业的快速发展,如在复合材料生产中使用的数控铺带机(见图5-52),用于飞机装配的数控制孔机器人(见图5-53)等。

图 5-52 数控铺带机

图 5-53 数控制孔机器人

数字化工装包括柔性装配工装、柔性切割工装、柔性支撑工装、柔性定位工装、基于激光跟踪仪等数字化设备制造的工装。基于数字化的柔性装配设备、自动化装配设备和生产线的使用,不但提高了飞机装配质量,而且提高了装配速度,是现代飞机数字化制造的发展方向。

数字化测量设备包括激光跟踪仪、激光测量仪、照相测量仪、GPS测量仪、三坐标测量仪等。飞机产品具有尺寸范围广、外形复杂、精度要求高等特点,很多零部件及整机测量难度较大。针对复杂产品的检测设备的应用及研制也是航空数字化制造的关键技术之一。

习 题

1. 简述 MBD 的内涵。
2. 简述 BOM 的组成及作用。
3. 简述 CAPP 在飞机制造中的关键技术。
4. 简述 PDM 的作用。
5. 简述航空产品数控加工的特点。

6. 简述飞机数字化装配关键应用技术。
7. 简述工具球的使用原则。
8. 简述在飞机数字化制造中,BOM、AO、FO、CAPP 和 PDM 分别代表的意义。
9. 简述数字化制造与传统的制造方式的本质区别。
10. 简述数字化制造的定义。
11. 简述工艺耳片形式及要求。

参考文献

[1] 宁振波,王立书,邓虎.航空数字化技术的新发展:工艺仿真系统[J].航空制造技术,2011(Z1):83-85.

[2] 杜婷.航空业的数字化技术应用趋势[J].大飞机,2022(12):36-38.

[3] 余志强,陈嵩,孙炜,等.基于MBD的三维数模在飞机制造过程中的应用[J].航空制造技术,2009(S2):82-85.

[4] 刘春,郭大鹏.基于MBD的飞机装配技术发展及应用[J].机械工程师,2018(03):74-76+79.

[5] 周秋忠,范玉青.MBD技术在飞机制造中的应用[J].航空维修与工程,2008(03):55-57.

[6] 徐伟,王永鹏,李昆,等.航空制造企业工艺数据管理研究[J].新技术新工艺,2019(05):19-25.

[7] 王静宜.基于PDM的工艺BOM管理系统研究[J].机械制造与自动化,2016,45(06):130-132.

[8] 袁永建.航空产品工艺过程管理系统研究[J].制造业自动化,2011,33(15):13-15+31.

[9] 邹爱丽.飞机钣金零件模具设计[M].北京:北京航空航天大学出版社,2022.

[10] 范玉青.现代飞机制造技术[M].北京:北京航空航天大学出版社,2001.

[11] 《航空制造工程手册》总编委会.航空制造工程手册:飞机钣金工艺[M].北京:航空工业出版社,1992.

[12] 《航空制造工程手册》总编委会.航空制造工程手册:飞机工艺装备[M].北京:航空工业出版社,1992.

[13] 王海宇.飞机钣金工艺学[M].西安:西北工业大学出版社,2011.

[14] 翟平.飞机钣金成形原理与工艺[M].西安:西北工业大学出版社,2019.

[15] 安勇良,宋良.特种铸造[M].哈尔滨:哈尔滨工业大学出版社,2019.

[16] 张磊.铸造合金及其熔炼[M].武汉:华中科学技术大学出版社,2021.

[17] 肖安金,刘瑞洁.铸造造型材料与工艺[M].青岛:中国海洋大学出版社,2018.

[18] 铸造工程师手册编写组.铸造工程师手册[M].北京:机械工业出版社,2010.

[19] 陈百明,张俊喜,孙治国.铸造工艺及设计[M].北京:北京理工大学出版社,2016.

[20] 中国机械工程学会塑性工程学会.锻压手册:第1卷:锻造[M].北京:机械工业出版社,2013.

[21] 齐卫东.锻造工艺与模具设计[M].2版.北京:北京理工大学出版社,2012.

[22] 中国锻压协会.特种锻造[M].北京:国防工业出版社,2011.

[23] 史耀武.焊接制造工程基础[M].北京:机械工业出版社,2016.

[24] 中国机械工程学会焊接学会.焊接手册:焊接方法及设备:第1卷修订本[M].3版.北京:机械工业出版社,2016.

[25] 丛树毅,陈美婷.熔焊基础与金属材料焊接[M].北京:北京理工大学出版社,2016.

[26] 周歧.焊接工艺与操作技巧[M].沈阳:辽宁科学技术出版社,2015.

[27] 中国机械工程学会焊接学会,杜则裕.焊接科学基础:材料焊接科学基础[M].北京:机械工业出版社,2012.

[28] 谢永鑫,李国栋,马运辉.飞机钣金深窝类零件橡皮成形工艺研究[J].航空精密制造技术,2023,59(03):40-43.

[29] 黄奔.飞机钣金件冲压成型工艺研究[J].机电信息,2022(09):81-83+88.

[30] 黄奔,汤研彦.飞机钣金件塑性成形及数控切割工艺分析[J].中国金属通报,2022(02):153-155.

[31] 王媛,李志强,姚吉威.深腔类航空钣金件成形工艺研究及应用[J].制造技术与机床,2021(12):81-84.

[32] 杨爱民,秦仁耀,张国栋,等.飞机金属零件焊接及增材制造修复研究与应用现状[J].电焊机,2021,51(08):79-87+178-179.

[33] 罗浩,王晓丽,李昭,等.大跨度飞机库网架焊接施工关键技术[J].建筑施工,2021,43(04):596-598.

[34] 孙朝远,熊逸博,刘德建,等.飞机滑轨工艺凸台增材—锻造复合制造技术[J].锻压技术,2023,48(02):1-9.

[35] 杨兴旺.某飞机7055铝合金轮毂锻造成形工艺模拟优化及性能验证[D].江苏大学,2022.

[36] 杨兴旺,陶志伟,袁凯,等.基于响应面法的喷射成形7055铝合金飞机轮毂锻造工艺优化[J].锻压技术,2022,47(10):23-28.

[37] 王新民,胡铮.智能制造体系在飞机装配中的应用[J].集成电路应用,2022,39(09):116-117.

[38] 王奉龙,郭辉,李薇,等.飞机起落架站位式脉动生产线智能制造技术研究[J].新技术新工艺,2022,412(04):62-66.

[39] 何多政,郭辉,沈勇,等.飞机起落架零部件数控程序防差错技术[J].新技术新工艺,2021,398(02):77-80.

[40] 吴皓平.增材制造在民机产业的应用[J].大飞机,2023,No.106(04):14-20.

[41] 陈超越,王江,王瑞鑫,等.航空发动机及燃气轮机用关键材料的激光增材制造研究进展[J].科技导报,2023,41(05):34-48.

[42] 陈娇,罗桦,贺戬等.航天用镍基高温合金及其激光增材制造研究现状[J].精密成形工程,2023,15(01):156-169.

[43] 常坤,梁恩泉,张韧,等.金属材料增材制造及其在民用航空领域的应用研究现状[J].材料导报,2021,35(03):3176-3182.

[44] 孙中雷,马健,邱斅.民用飞机增材制造结构的适航验证技术研究[J].民航学报,2023,7(01):109-113.

[45] 温学,何志平.金属材料增材制造技术在直升机中的应用发展研究[J].航空科学技术,2022,33(09):58-65.

[46] 彭龙泉,潘秋羽.航空航天结构件增材制造专利分析[J].中国科技信息,2022,No.682(17):11-15.

[47] 汪洋华.飞机钣金零件数字化制造系统及其应用[J].科技资讯,2023,21(09):56-59.

[48] 徐辉,谈腾,陈昊,等.全复材通用飞机机体结构制造技术研究[J].机械工程师,2022,No.370(04):139-141.